흙의 건축
002

첨단 기술, 흙공법

지은이_ 황혜주

목포대학교 건축학과 교수이자 국내 대표적인 흙건축 전문가이다. 유네스코 석좌 프로그램 '흙건축학교' 책임교수이기도 하며, 경기도 시흥에 있는 〈숲1976〉에서 흙건축학교를 열고 있다. 우연히 '흙'에 관심을 가졌다가 흙과 흙건축 매력에 푹 빠졌고, 서울대학교에서 흙 관련 최초의 박사 학위를 받았다. 흙 연구로 장영실상, 건설교통부 건설신기술, 과학기술부 국산신기술 등을 수상했고, 흙건축 전문가 자격증 제1호를 받았다. 좀 더 많은 사람들이 흙과 흙건축을 알고, 누리게 하려고 꾸준히 활동하고 있다. 지은 책으로 『흙집에 관한 거의 모든 것』, 『흙건축』이 있고, 공저로는 『현대한옥 개론』, 『흙집 제대로 짓기』 등이 있다.

펴낸날 | 2023년 11월 24일

지은이 | 황혜주
발행인 | 박수영

기획 | 박성미
편집 | 정미영
표지 디자인 | 랄랄라디자인
본문 디자인 | 권경은, 평사리

펴낸곳 | 플래닛03 주식회사
출판신고 | 제2023-000129호 (2023년 10월 17일)
주소 | 경기도 성남시 분당구 황새울로 321. 7층
전화 | 02-706-1970 팩스 | 02-706-1971 전자우편 | commonlifebooks@gmail.com

ISBN 979-11-985035-1-0 (94540)
ISBN 979-11-985035-0-3 (94540) 세트
ⓒ 황혜주, 플래닛03 주식회사

ⓜ planet03

플래닛03은 태양에서 세 번째 행성, 지구의 또 다른 이름입니다. 우리는 지구를 생각하고 지구와 공생하고자 합니다. 지식과 생각을 나누고, 책과 미디어를 통해 더 많은 사람들과 '지구감성'을 공유하고자 합니다.

흙의

흙건축

002

humus
+
3 D
printing
+
earth
architecture

황혜주 지음

첨단 기술, 흙공법

planet03

차례

모든 생명체들은 흙에서 산다. 육상생물은 흙 속에 있는 물과 공기로 살아가고, 수중생물은 흙 위에 있는 물과 공기로 살아간다. 그래서 지구Earth는 흙earth이다. 생명은 끊임없는 관계로 구성되는 동적 평형 상태이며, 흙은 인류가 관계를 생각하게 만든 가장 원초적이고 근원적인 사건이다. 우리는 흙에서 생명을 배우고 흙에서 생명을 영위한다. 인류의 건축 역사는 흙을 빚어서 쌓고 벽돌을 만드는 데에서 본격적으로 시작되었다. 만 년의 세월을 거치면서 기념비적인 건물들은 건축 재료도 바뀌고 기술도 변화했지만, 여전히 사람들이 사는 주거는 흙과 나무로 만들어지고 있다. 건축이 혁명적으로 바뀐 산업혁명 시대인 오늘날도 인류의 거의 절반이 흙집에서 산다. 이렇게 인류는 흙과 관계하며 살아왔다.

산업혁명 시기 인류는 전에 겪지 못한 특별한 경험을 하고 있다. 인간은 자연에서 분리되었고, 인간은 자연을 대상화하고 채굴하고 착취하여 번영을 구가하게 되었다. 그 결과로 인류는 기후 위기에 처해졌고 이 위기를 해결하지 못하면 인류가 절멸할 수도 있다. 산업혁명 초기 피폐해진 인간의 주거 문제를 해결하기 위해, 건축은 효율적이고 집약적인 대규모 공간을 제공하고자 많은 땅을 이용했다. 산업 혁명 전까지 인간은 이용 가능한 지표면의 17퍼센트 정도를 사용했는데, 산업혁명 시대인 지금은 77퍼센트를 사용하고 있다. 인류의 건축 역사는 흙을 줄여 온 역사로 봐도 과언이 아니다. 또한 다른 생명들의 터전을 줄여 온 역사이기도 하다. 이제 이런 산업문명을 넘어서 다시 흙으로, 다시 관계로, 다시 생명으로 돌아가 원래의 자리를 모색해야 할 시점이다. 바로 새로운 생태 문명으로 나아가야 할 시점에 이르렀다.

'문제를 일으킨 방식으로는 문제를 해결할 수 없다.'는 말처럼, 그간의 인식과 생각이 바뀌어야 기후 위기를 해결할 수 있다. 수풀과 건축이 어우러지는 건축물로 명성이 높은 '밀라노 수직숲'을 본떠서 지은 중국의 건물이 있었다. 하지만 건물에 사람이 없어서 제대로 된 관리가 이루어지지 않았다. 결국, 수풀은 마구 헤쳐져 널브러졌고, 주변은 쓰레기가 넘쳐 났다. 건물은 그야말로 흉물이 되었다. 사람들의 관심이 없으면 어떤 건축도, 어떤 문명도 제대로 설 수 없음을 보여 주는 대표적 사례이다. '어떻게 효율적으로 지을까', '얼마나 집약해 놓을까'를 고민하던 근대 건축의 사유를 넘어서, '어떻게 뺄까', '어떻게 비울까', '뭇생명들에게 어떻게 내어 줄까'를 고민하는 생각의 변화가 필요한 시점이다.

건축의 3주체는 건축주, 설계자, 시공자이다. 건축학과에서는 '설계자'를 기르고, 건축공학과에서는 '시공자'를 교육시킨다. 우리의 건축 교육은 국제적인 수준의 교육 커리큘럼과 제반 여건이 잘 갖춰져 있어서, 교육의 질은 가히 정상급이다. 이런 교육 과정을 이수하고 현장 실무 경력을 쌓은 설계자와 시공자가 다양한 곳에서 활약하고 있다. 그 나라의 건축 수준은 '건축주'의 수준이라는 말이 있다. 이처럼 건축에서 아주 중요한 역할을 하는 건축주는 어떻게 건축 지식을 쌓게 되었을까. 선진국에서는 어릴 때부터 많은 건물들을 보고 경험하면서 자연스럽게 건축에 대한 지식을 쌓는다. 이른바 '사회적 건축 교육'이 이루어진다. 건축 지식은 어떤 건축 분야의 전문적인 지식만을 의미하는 것이 아니라 그 사회의 교양 수준이다. 아파트로 대표되는 우리의 건축 문화에서는 다양한 건축 체험이 부족하다. 그러다 보니 우리에게 건축은 부동산이란 의미에서 벗어나지 못하는 실정이다. 시민은 잠재적인 건축주이다. 따라서 시민 건축주들을 위한 건축 교육이 절실하다. 이 책은 흙과 건축을 전문적으로 다룬다. 그 내용에서도 대학 수업 수준의 것들을 담고 있다. 하지만, 일반 시민이라면 누구라도 문명과 함께해 온 '건축'에 관심을 가질 수 있도록 집필했다. 사회적 건축 교육이 부족한 우리의 현실에서 작지만 희망이 되었으면 한다.

1권은 이론 편에 속한다. 먼저, 흙건축 담론을 살피면서 흙과 생명에 대한 여러 논의를 쫓아서 흙건축의 의의를 정리했다. 흙건축 담론을 공간론, 기획론, 디자인론으로 구분하여 건축에 적용할 이론으로 설명했다. 그리고 흙의 정의, 흙의 효과, 흙의 구성과 분류, 흙의 특성 등을 살펴서 흙을 구체적으로 알 수 있게 했다.

아울러 흙건축의 시작과 확산을 다루면서, 흙건축의 현대화와 세계 흙건축의 연구 동향을 살폈다. 더하여 한국 흙건축의 현재를 돌아보았고, 인류의 건축 역사 속에 흙건축의 역사가 면면히 이어왔음을 여러 건축물을 통해 확인했다. 3D 프린팅 등 미래 건축은 건축의 구조와 흙건축의 전망에서 살펴보았다.

2권은 실무 편이라 할 수 있다. 흙건축의 실제 기술과 공법을 익힐 수 있게 엮었다. 흙건축 3대 기술 편에서는 실제 흙을 사용할 때 균열이 생기지 않도록 하는, 흙의 균열 방지 이론을 살폈다. 또 흙의 강도를 높이는 이론을 정리하여 흙이 약해서 사용하기 어렵다는 편견에서 벗어날 수 있도록 했다. 내벽, 외벽, 바닥의 생태 마감을 고찰하고, 흙으로 지은 건물의 유지와 보수를 어떻게 할지를 알아보았다.

흙건축 5대 공법 편에서는 흙쌓기, 흙벽돌, 흙다짐, 흙타설, 흙미장 공법을 먼저 검토하고, 이 공법들을 실제 흙건축에 적용한 여러 사례를 이미지와 함께 살펴보았다. 아울러 흙건축으로 하는 생태적 단열 방법들, 전통구들과 간편구들을 정리하고 흙집을 짓는 상황에 맞는 방법을 채택할 수 있게 했다.

'무엇이 우리를 지켜 줄까'가 아니라, '우리가 무엇을 지켜 낼까'가 중요하다. 산업혁명 시대를 살아가는, 우리가 더 이상의 자연 파괴를 멈추고 새로운 문명과 새로운 건축을 위해 무엇을 할 것인가를 고민해야 한다. 흙과 건축을 다룬 이 책이 지구, 기후, 생명을 걱정하는 사람들에게 다가가기를 소망한다.

일일이 거명하기도 어려울 정도로 많은 분들의 도움으로 흙건축의 길을 흔들리지 않고 걸어올 수 있었다. 항상 따뜻한 눈길로 지켜봐 주시는 분들께 머리 숙여 감사드리고, 더욱 정진해야겠다는 다짐을 한다.

1장 / 흙건축 3대 기술

1

자연토를 건축토로 바꾸는 입자 이론

최밀 충전

천연 상태의 흙을 자연토natural soil라 하고, 건축의 목적에 맞는 재료로서의 흙을 건축토construction soil라 한다. 자연토는 균열이 많이 가는데 비해, 건축토는 균열이 가지 않는 특성이 있다. 다른 나라에서는 자연토와 건축토가 혼재된 토양이어서, 건축토를 찾는 방법이 흙건축 기술에서 아주 중요하다. 우리나라의 토질은 건축토가 없는 토양이어서 자연토를 건축 목적에 맞는 건축토로 바꿔야 한다. 이러한 자연토를 건축토로 바꾸는 핵심 이론을 입자 이론particle theory이라고 한다.

입자 이론은 입자 간 간극을 최소화함으로써, 입자 간의 인력과 전기력을 최대화하여 입자 간 응집이 일어나게 하는 이론이다. 입자 간극을 최소화하기 위해서 흙 입자 간의 배합을 적절하게 하는 최밀 충전 효과optimum micro - filler effect를 이용한다. 여기서 흙 입자와 물의 최적 수소 결합을 위해, 불필요한 물 입자를 제어하는 게 중요하다. 적절한 배합, 그리고 외부에서 가하는 물리력을 적절하게 하여 입자 간극을 최소화하고, 모세관 현상을 통해 불필요한 물을 외부로 빼내야 한다.

흙을 눌러서 흙벽돌을 만들거나 토벽을 칠 때 흙손으로 눌러 미장하는 것이 이 원리를 이용한 것이다. 이렇게 외부 물질의 투여 없이 흙 자체를 이용하여 흙이 가진 효과를 극대화한다는 장점이 있다. 반면, 물이 침투하여 최밀 충전이 깨지면 입자 간 응집이 풀리는 단점, 즉 물에 약한 단점이 있다.

1) 입자

흙은 기본적으로 입자로 구성되어 있고, 입자는 서로 간에 인력이 작용한다. 흙 입자의 질량이 동일할 경우 입자 간의 인력은 거리의 제곱에 반비례하여 커진다. 다음 쪽의 표1에서처럼 $r_2 = 2r_1$이라면, 뉴턴의 인력은 $F_2 = \frac{1}{4} F_1$가 된다.

$$F = G\left(\frac{m_1 m_2}{r^2}\right) : 뉴턴의 법칙$$

따라서 흙 입자 간의 간격을 최소화하면, 흙 입자 간의 인력이 최대가 되면서 흙 입자는 강한 응집을 나타낸다. 즉, 입자 간에 공극이 없이 조밀하게 충전될 경우에 가장 큰 응집을 보이게 된다. 이를 최밀 충전 효과라고 명명한다. 이를 위해서는 흙 입자 외부에서 물리적 힘을 가하여, 흙 입자 간의 거리를 가깝게 하는 게 필요하다. 그래서 고압으로 흙벽돌을 찍거나, 미장칼로 흙을 눌러서 표면을 단단하게 하는 방법이 사용된다. 또한 입자 간의 간극을 좁힌다는 의미는, 공극을 최소화하는 것과 같은데, 표2에서처럼 동일한 용기에 콩만으

⋮ 표1. 입자 간극과 인력의 관계

	입자 배치	뉴턴 인력
r_1	가장 밀하게 배치되어 있는 경우	F_1
r_2	입자 배열이 불규칙하여, 입자 간극이 큰 경우	$F_2 = \frac{1}{4}F_1$ (if, $r_2 = 2r_1$)
r_2	과다한 물을 흡수하여, 입자 간극이 큰 경우	$F_2 = \frac{1}{4}F_1$ (if, $r_2 = 2r_1$)

⋮ 표2. **입자 배열과 인력의 크기**

	입자 배열	인력
	단일 크기의 입자들로 채워진 배열. 입자 사이의 공극이 크다.	공극이 많다는 것은 입자 사이의 간극이 멀다는 것을 의미. 뉴턴 법칙에 의한 인력이 작다.
	다양한 크기의 입자로 채워진 배열. 입자 사이의 공극이 작다.	공극이 적다는 것은 입자 사이의 간극이 가깝다는 것을 의미. 뉴턴 법칙에 의한 인력이 크다.

로 채워진 시료와 콩, 쌀, 좁쌀이 함께 채워진 시료를 생각해 보면 후자의 공극이 작고, 이것이 더 밀실하게 채워짐을 알 수 있다. 즉, 다양한 크기의 알갱이로 용기를 채우면 빈 공간을 적게 하여 더 강한 응집력을 발휘하게 된다. 흙에서도 마찬가지인데 자갈, 모래, 실트, 점토분이 골고루 섞여 있게 배합하는 게 관건이다.

우리나라 흙에는 실트처럼 가는 모래 성분이 많고, 모래자갈 같은 굵은 모래 성분이 적다. 실트는 입자가 작고 비표면적이 커서 많은 물을 함유하고 있다. 그래서 실트는 점토와는 달리 반응에 참여하지 못하고, 함유하고 있는 물을 그대로 증발시켜서 균열이나 강도에 악영향을 미친다. 따라서 모래를 섞거나 점토분이 많은 흙을 골라 상대적으로 실트의 비율을 낮추는 게 중요한데, 점토분이 많은 흙을 구하기는 쉽지 않으므로 모래를 섞는 것이 일반적이다.

적절한 모래 혼입 비율은 흙에 모래를 첨가하면서 무게가 무거운 비율을 선택하면 된다. 예를 들어 10ℓ 흙의 무게가 20kg이고, 모래 50퍼센트를 섞은 흙(흙1:모래0.5) 10ℓ의 무게가 24kg, 모래 100퍼센트를 섞은 흙(흙1:모래1) 10ℓ의 무게가 26kg, 모래를 150퍼센트를 섞은 흙(흙1:모래1.5) 10ℓ의 무게가 27kg, 모래를 200퍼센트를 섞은 흙(흙1:모래2) 10ℓ의 무게가 27kg이라면, 적정한 비율은 흙1:모래1.5이다. 흙은 지역마다 다르므로 이러한 과정을 거쳐 적정한 비율을 찾아서 사용해야 한다. 이것은 실트가 많고 모래가 적어서 밀실하지 못한 흙에 모래를 첨가함으로써 자갈, 모래, 실트, 점토분이 골고루 섞여 밀실하게 채워지므로 공극이 최소화된다는 것을 의미한다.

적절한 입도 분포를 구할 수 있도록 만들어진 것이 표준 입도 분포 곡선이며, 나라별로 차이가 있다. 나라별로 흙의 구성이 다르기 때문

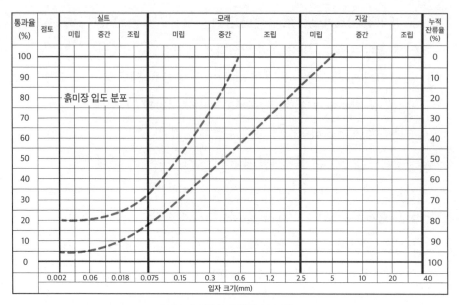

그림1. 흙미장에 적합한 입도 분포

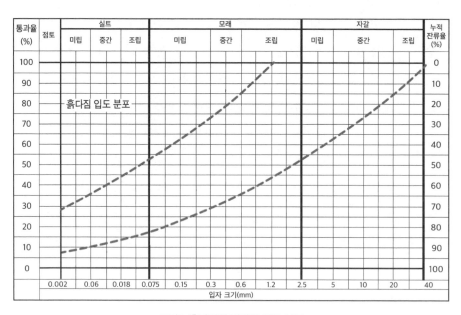

그림2. 흙다짐에 적합한 입도 분포

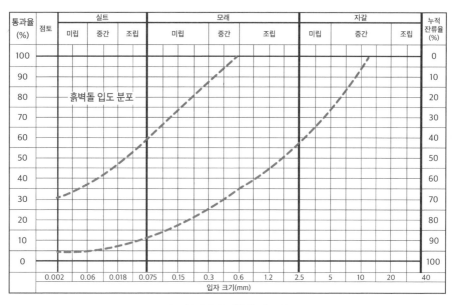

통과율 (%)	점토	실트			모래			자갈			누적 잔류율 (%)
		미립	중간	조립	미립	중간	조립	미립	중간	조립	

그림3. 흙벽돌에 적합한 입도 분포

인데, 우리 연구진이 십여 년간 실험하여 제안한 입도 분포는 그림1, 2, 3과 같다. 입도를 분석한 결과값이 그림에서 보여지는 점선 안에 분포해야 알맞은 입도 분포가 된다. 표준 입도 분포는 전문적인 실험이 필요해서, 일반적인 용도로는 잘 사용하지 않는다. 앞에서 설명했듯이 모래를 첨가하여 무게를 재는 방법을 사용하면 이러한 표준 입도 분포에 근사한 값을 얻을 수 있어서 일반적으로 이용된다.

2) 물

입자 이론에 기인한 흙의 반응에서 중요한 것은 물이다. 이것은 흙 입자 중 점토분과 물이 서로 반응하여 자갈, 모래, 실트 들을 엮어 주는 역할을 한다. 마치 콘크리트의 골재들을 시멘트와 물이 반응하면서 엮어 주는 것과 흡사하다. 이러한 점토분과 물이 반응하는 메커니

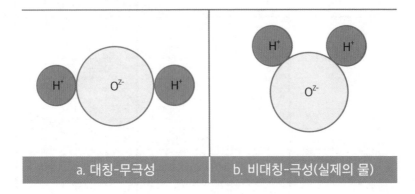

a. 대칭-무극성	b. 비대칭-극성(실제의 물)

즙은 기본적으로 물 분자의 쌍극성에 기인한다. a그림에서처럼 수소 원자와 산소 원자가 대칭적으로 결합되어 있다면 물 분자는 극성을 띠지 않았을 것이나, b그림처럼 수소 원자와 산소 원자가 비대칭으로 결합되어 있으면 물 분자는 극성을 띠게 된다. 이러한 성질로 인해 물 분자는 점토분과 반응을 하게 된다.

건조한 점토분 입자와 양이온(Na⁺, K⁺, Ca⁺⁺)이 평형을 이루고 있는데, 여기에 물이 첨가되면 이온으로 확산되며, 이를 확산 이중층이라고 한다. 점토분의 산소 원자와 물 수소 원자가 수소 결합을 하게 되며, 이때의 물을 흡착수라고 한다. 또한 물의 음이온과 확산 이중층의 양이온 사이에 인력이 작용하는데, 이를 이중층수라 한다. 결합에 필요한 가장 이상적인 물만 존재한다면 별다른 문제가 없겠지만, 물이 늘어날 경우 흡착수, 이중층수의 전하력보다 잉여수의 증발력이 더 커지면, 물은 증발하게 되고 그 지점에서 공극이 생기며, 균열이 발생하게 된다. 쿨롱의 법칙에서 전하력은 거리의 제곱에 반비례하여 그 힘이 약해지게 되기 때문이다. 만일 표4에서 $r_2=2r_1$이라면, 쿨롱의 힘

	반응	쿨롱의 힘
	건조한 상태에서, 점토분 입자와 양이온(Na^+, K^+, Ca^{2+})이 평형을 이루고 있음.	
	물이 첨가되면 이온으로 확산되어, 확산 이중층 형성. 점토분의 산소 원자와 물 수소 원자가 수소 결합(흡착수). 물의 음이온과 확산 이중층의 양이온 인력 작용(이중층수).	F_1
	물이 많아지게 되면 반응에 참여하지 않는 잉여수 발생.	$F_2 = \dfrac{1}{4}F_1$ (if, $r_2 = 2r_1$)
	흡착수, 이중층수의 전하력보다 잉여수의 증발력이 더 커지면, 물은 증발하게 되고 그 지점에서 공극, 균열 발생.	$F_2 = \dfrac{1}{4}F_1$ (if, $r_2 = 2r_1$)

은 $F_2 = \dfrac{1}{4}F_1$로 되어 그 힘이 급격히 작아지게 된다.

$$F = k \frac{q_1 q_2}{r^2} \quad : \text{쿨롱의 법칙}$$

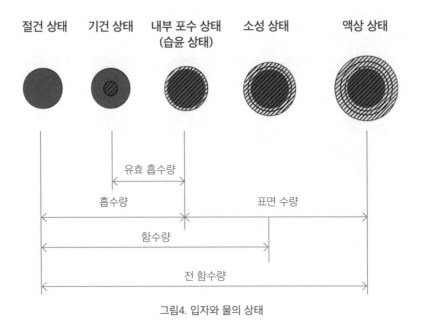

그림4. 입자와 물의 상태

입자들과 물의 관계는 그림4과 같다. 흙을 완전히 건조시켰을 때의 상태를 절건 상태(절대 건조 상태)라고 한다. 이론상으로 수분이 완전히 제거된 상태를 말한다. 자연 상태에서는 가능하지 않고, 건조기 등 인위적인 조건 속에서 가능하다. 실험실에서 물의 양을 측정하는 기준이 된다.

자연 상태에서 건조되어 물이 없는 상태를 기건 상태(대기 건조 상태)라고 한다. 이론적으로는 내부에 소량의 물이 포함되어 있는 상태로서, 우리가 만져 보면 완전히 건조한 느낌을 주는 상태이며, 우리가 보통 햇볕에 널어 말려서 얻는 상태와 같다. 통상 '마른 흙'이라고 말할 때 이 상태를 말한다.

이 입자들이 물을 흡수하여 내부에 물이 가득 찬 상태를 내부 포수 상태(내부 포수 표면 건조) 또는 습윤 상태라고 한다. 내부에 물을 가득 흡수하고 표면에 약간의 물이 있고, 표면에 뚝뚝 떨어지는 물이 없을 정도로 건조한 상태이다. 흙다짐을 하는 경우, 이 상태가 좋다. 흙건축에서 사용할 수 있는 가장 적은 물의 상태이다.

물을 더 흡수하게 되면 표면에 물이 가득한 상태가 되는데, 이를 소성 상태라고 한다. 소성plasticity이란 일정한 힘을 주어 성형이 가능한 정도를 말한다. 통상 벽돌이나 미장을 이 정도의 상태로 하며, 더 많은 물을 흡수하면 액체처럼 거동하는 액상 상태가 된다. 타설이나 뿜칠에서 이 정도 상태의 흙을 사용한다.

표5에서처럼, 물이 점토분을 둘러싸서, 수소 결합을 시작하고 이

⁚ 표5. 입자 이론의 강도 발현 개념

반응의 진행	
	물이 점토분을 둘러싸기 시작
	물과 점토분이 수소 결합을 시작
	반응이 진행되면서 전체적으로 경화체를 형성
	점토분-물 경화체(가는 선)가, 점토분·실트·모래·자갈 등의 다른 흙 입자들(육각형)을 서로 엮어 주면서 흙이 강도 발현하게 됨.

러한 반응이 진행되면서, 점토분들과 물이 경화체를 형성하게 된다. 이러한 점토분과 물의 반응의 결과로 생긴 경화체는, 점토분·실트· 모래·자갈 등의 다른 흙 입자들을 서로 엮어 주면서 흙이 경화하도록 하는 역할을 한다. 이는 마치 콘크리트에서 시멘트 경화체가 모래와 자갈을 엮어 콘크리트 경화체를 만드는 것과 같다.

흙이 최적의 상태가 되려면 이상적인 물의 양을 찾는 게 중요한데, 이를 위해 최적 함수율 실험을 한다. 이는 잉여수가 증발하고 나면 공극이 생겨서 전체 부피를 차지하는 질량이 작아지는 원리를 이용하는 방법이다. 실험은 건조한 흙에 10, 15, 20퍼센트 등 일정량의 물을 첨가하여 동일 부피의 시료를 만들어 건조시킨 후, 무게가 가장 큰 시료를 택한다. 그때 첨가되었던 물의 양을 적정 함수율로 한다. 이 현상은 물이 과잉으로 공급되면 흙 입자가 채워질 공간을 물이 과잉으로 차지하기 때문이다. 즉, 최대 건조 단위 중량maximum dry unit weight이 얻어지는 함수비를 최적 함수비optimum moisture content라고 한다.

이러한 최적 함수비일 때에, 단위 면적을 차지하는 점토 입자들에 물이 완전히 흡수되어 내부 포화 상태가 되고, 입자 간의 이온 작용에 의해 전기력이 최대가 되며, 입자들 간의 간격이 좁혀지면서 입자 간 인력이 최대가 되어 결합이 가장 강력하게 된다. 이것은 또한 최밀 충전 효과와 연관 있다. 이를 측정하기 위해 프록터 실험법Essai Proctor Standard을 사용한다. 흙의 강도를 결정짓는 중요한 요소이다.

흙에 물이 과다하게 첨가되면 물 입자의 부피로 인해 단위 부피에 들어가는 흙 입자가 감소하게 되고, 이로 인해 최밀 충전이 깨져서 강도 등 여러 물성이 불리해진다. 또한 물이 증발하면서 균열이 발생

그림5. 적정한 물이 첨가된 흙의 입자

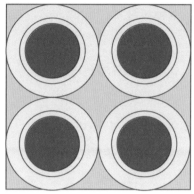
그림6. 과도한 물이 첨가된 흙의 입자

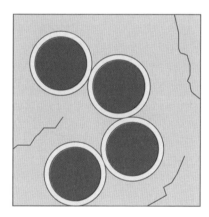
그림7. 잉여수의 증발로 인한 균열

하게 되므로, 흙에 물을 첨가할 때 정확한 양을 첨가하는 게 중요하다. 정확한 물의 양을 넣을 수 없는 피치 못할 경우에는 가능한 적게 넣는다는 생각으로 임해야 한다. 그림5, 6, 7은 이를 보여 준다. 입자와 물의 관계에 관한 전통적인 질문인 '마른 모래 1ℓ와 젖은 모래 1ℓ 중 어느 것이 더 무거운가?'에 대한 해답이 여기에 있다.

섬유 보강

1) 섬유 보강의 원리

섬유fiber는 흙의 역학적 특성을 개선하는 보강재로 세계적으로 광범위하게 써 왔다. 대표적으로 사용된 재료는 주변에서 손쉽게 구할 수 있고 매년 풍부하게 생산되는 볏짚이나 밀짚과 같은 식물성 섬유였다. 이러한 섬유는 흙과 혼합하여 사용하면 건조 수축으로 인해 발생하는 균열을 제어해 주고, 흙 혼합물 내부에서 섬유로 인해 발생되는 공극을 통해 수분이 외부로 배수되는 능력을 향상시켜 흙의 건조를 빠르게 한다. 또한, 섬유는 부피가 매우 큰 재료로 밀도를 줄여 재료를 가볍게 하고 단열 성능도 향상시키며 인장 강도도 증가시킨다.

또한, 섬유 보강의 일차적 목표는 취성을 개선시키는 데 있다. 섬유를 보강하지 않은 재료는 부재가 휨을 받았을 때 휨에 대한 저항 능력이 매우 작다. 그러나 섬유로 보강된 경우 섬유의 혼입량에 따라 여러 형태의 휨-압축 응력 곡선을 갖는다.

2) 섬유의 종류

섬유는 아주 다양한 종류가 존재한다. 여기서는 화학 섬유를 제외하고 기술하면, 표6과 같이 섬유는 식물질 섬유, 동물질 섬유, 광물질 섬유로 대별된다.

식물질 섬유는 짚섬유로서 볏짚, 밀짚 등이 있고, 종자모 섬유에는 면Catton, 폭Kapok이 있고, 인피 섬유로는 황마Jute, 아마Flax, 대마Hemp, 선햄프Sune hemp, 저마Ramie 등이 있다. 또한 엽맥 섬유로는 마닐라마Manila hemp, 사이잘마Sisal, 뉴질랜드마New Zealand가 있으며, 과실 섬유

표6. 섬유의 분류

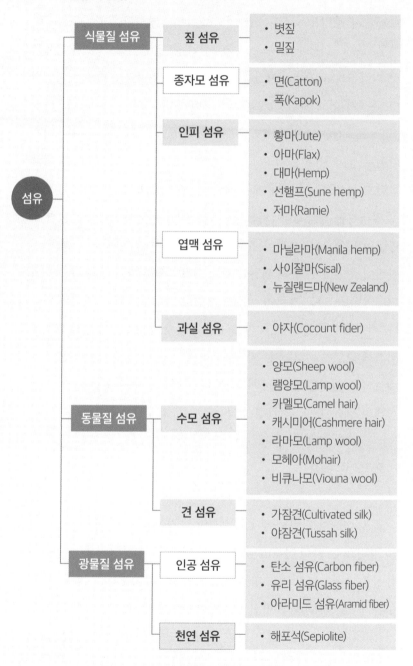

식물질 섬유	**짚 섬유**	• 볏짚 • 밀짚
	종자모 섬유	• 면(Catton) • 폭(Kapok)
	인피 섬유	• 황마(Jute) • 아마(Flax) • 대마(Hemp) • 선햄프(Sune hemp) • 저마(Ramie)
	엽맥 섬유	• 마닐라마(Manila hemp) • 사이잘마(Sisal) • 뉴질랜드마(New Zealand)
	과실 섬유	• 야자(Cocount fider)
동물질 섬유	**수모 섬유**	• 양모(Sheep wool) • 램양모(Lamp wool) • 카멜모(Camel hair) • 캐시미어(Cashmere hair) • 라마모(Lamp wool) • 모헤아(Mohair) • 비큐나모(Viouna wool)
	견 섬유	• 가잠견(Cultivated silk) • 야잠견(Tussah silk)
광물질 섬유	**인공 섬유**	• 탄소 섬유(Carbon fiber) • 유리 섬유(Glass fiber) • 아라미드 섬유(Aramid fiber)
	천연 섬유	• 해포석(Sepiolite)

섬유

로는 야자Cocount fider가 있다. 동물질 섬유는 수모 섬유로서 양모 Sheep wool, 램양모Lamp wool, 카멜모Camel hair, 캐시미어Cashmere hair, 라마모Lamp wool, 모헤아Mohair, 비큐나모Viouna wool가 있으며, 견 섬유로서 가잠견Cultivated silk, 야잠견Tussah silk 등이 있다. 그 중에서 지역별로 구하기 쉽고 저렴한 것을 사용하면 된다. 광물질 섬유로는 탄소 섬유Carbon fiber, 유리 섬유Glass fiber, 아라미드 섬유Aramid fiber, 세피오라이트 등이 있다.

탄소 섬유는 다른 섬유에 비해 탄성 계수가 크고, 파단시의 변형으로 발생하는 신장률이 1퍼센트 전후로 작아서 파상취성이나 충격 저항성이 열악하나, 유리 섬유에 비해 내수성, 내알카리성 등 화학 저항성이 우수하다. 유리 섬유는 탄소 섬유와 동일한 수준의 강도를 가지며 인성도 크고 가격이 싸다는 장점이 있지만, 내알카리성이 약하다. 아라미드 섬유는 탄소 섬유와 같이 화학 저항성이 우수하지만 자외선에 강도가 저하된다. 세피오라이트sepiolite는 섬유상 조직을 가진 해포석을 일컫는데, 앞에서 말한 다른 광물질 재료와는 달리 자연 상태의 광물이므로 친환경성 섬유로서 새롭게 주목받고 있다.

물리적인 안정

흙을 이용하는 방법에서 물리적인 안정이란 입자 이론에 근거하는 방법으로, 자연 상태의 흙에 외부적인 힘을 작용하여 흙의 공학적 물성을 개선하는 방법이다. 다짐compaction이 대표적이다. 다짐, 타격, 누름, 반죽, 진동 등의 인위적인 방법으로 흙에 에너지를 가해 흙 입자 간의 공기를 배출시킴으로써 흙의 밀도를 증대시킨다. 흙을 다지면 토입자 상호 간의 간극이 좁아져서 흙의 밀도가 높아지고 공극이 감소해서 투수성이 저하할 뿐 아니라 점착력과 마찰력이 증대하여 충분히 다져진 흙은 역학적인 안정도가 높아지게 된다. 이와 같은 효과는 흙의 성질을 개선시키기 위한 경제적이고도 효과적인 방법으로 도로, 활주로, 철도, 흙댐 등과 같은 다양한 구조물에도 매우 유용하게 사용된다.

1) 다짐의 일반적 원리

다짐은 기계적인 에너지로 흙 속의 공기를 간극에서 제거하여 단위 중량을 증대시키는 방법이다. 이 때 다짐의 정도는 흙의 건조 단위 중량으로 평가한다. 다짐 시 흙 속에 물이 들어가면 물의 윤활작용에 의해 흙 입자의 위치가 서로 이동하게 되며 밀도가 증가한다. 다짐된 흙의 건조 단위 중량은 초기에는 다짐 함수비의 증분에 비례하여 증가하게 된다. 함수비가 0인 완전히 건조된 흙이면, 습윤 단위 중량과 건조 단위 중량이 같다. 동일한 다짐에너지가 적용될 경우 함수비 증가에 따라 단위 체적 중량은 점진적으로 증가할 것이다. 임의의 함수비를 초과하면 건조 단위 중량은 오히려 감소되는 경향이 있다.

2) 다짐에 영향을 미치는 요소

앞에서 설명한 것과 같이 함수비는 흙의 다짐도에 매우 중요한 역할을 한다. 그러나 함수비 외에도, 다짐에 영향을 미치는 매우 중요한 요소는 흙의 종류와 다짐에너지이다. 우선, 흙의 종류, 즉 입도 분포, 입자 모양, 흙 고체의 비중, 그리고 점토광물의 종류와 양은 최대 건조 단위 중량과 최적 함수비에 큰 영향을 미친다.

2
–
섞어서 더 단단해지는
결합재 이론

점토 반응

흙을 굳게 하는 반응의 첫 번째는 점토의 반응이다. 점토는 흙을 구성하는 입자 중 유일하게 물과 반응하여 자갈, 모래, 실트를 엮어 주는 결합재 역할을 한다. 우리가 모래성을 쌓아 보면, 물기가 있을 때에는 그 형태를 유지하다가 물이 증발하면 모래성이 무너지는 데 비해, 흙에 물을 넣고 반죽할 때 물기가 있으면 형태를 유지하고, 물기가 마르면 단단해진다. 이는 점토 반응 때문이다.

점토는 그림8에서 보듯이 얇은 판의 모양을 하고 있다. 이러한 판 상형의 점토 사이사이에 물이 들어가 판들을 붙여 줌으로써 결합력을 발휘한다. 마치 유리판에 물을 묻혀서 붙이면 유리판이 떨어지지 않고 붙는 원리와 유사한데, 그림9는 이를 보여 준다. 하지만 이러한 결합은 물에 의한 결합이어서 물이 더 들어가면 물에 의해 결합력이 풀리는 특성이 있다. 단단하게 굳은 흙덩어리도 물에 넣으면 풀리는 이유가 이러한 원리 때문이다.

그림8. 점토의 형상(출처_CRATerre)

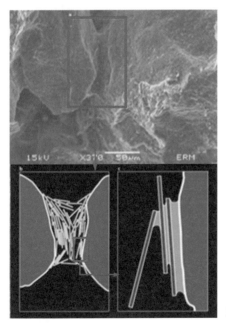

그림9. 점토의 반응(출처_CRATerre)

석회 반응

석회 반응은 결합재 이론matrix theory의 대표적인 것으로서, 입자와 입자 사이를 엮어 주는 결합력이 강한 물질의 존재에 의해 응결 현상이 일어나게 한다. 점토분과 외부로부터 투입되는 석회가 반응하는 이온 반응과 포졸란 반응에 의해 나타나는 응결 현상으로서, 회다지가 대표적으로 이 원리를 이용한다. 흙에 석회와 같은 외부 물질이 투여되어야 하는 단점이 있지만, 강도가 높고 물에 강하다. 전통적으로 흙을 단단하게 하기 위해 사용해 왔던 삼화토三和土[1] 원리를 이용하여 흙을 콘크리트만큼 단단하게 만들어 쓰는 방식이다. 주로 구조부나 외부에 사용되며 이러한 고강도 기술은 한국이 강한 분야이기도 하다.

1) 반응 원리

첫째, 이온 반응은 석회 중의 Ca^{++}가 점토 입자 표면의 이온과 교환해서 흡착되어 점토 입자 표면의 전상태가 변해서 점토 입자가 초집해서 전립화하는 현상이다. 토양학에서는 Ca^+는 수화성이 낮아 음전하가 약하므로 흙에 밀착되려는 성질이 강하고, 이는 곧 떼알을 형성하게 되어 토양의 공기 소통에 도움을 준다고 했다.

---

1   흙에 모래와 석회를 적정한 비율로 섞어서 사용하는 방법으로, 왕릉을 조성하거나 집터를 만들 때 사용했다. 석회:흙:모래 비율은 1:1:1을 주로 사용했고, 더 높은 강도를 필요로 하는 곳이나 왕릉 같은 경우는 3:1:1로 석회를 다량 사용하기도 했다. '조선 콘크리트'라고 불릴 만한 기술이다. 중국은 흙에 석회와 찹쌀풀을 더해 만리장성에 사용했다. 요즈음에는 고강도 석회의 개발로 인해 1:2:4 비율로 사용하며 더 높은 강도를 필요로 하는 경우에는 1.5:2:4 나 2:2:4 비율로 사용한다.

둘째, 포졸란 반응은 흙 속의 실리카(SiO₂)나 알루미나(Al₂O₃)가 석회의 알칼리와 반응하는 것으로서, 고대 로만시멘트나 우리나라의 회다지 등에 쓰였던 반응이다. 그러나 그 반응에 관한 구체적인 분석은 없었는데, 우리 연구진이 다음과 같이 규명했다.

아필라이트 반응

$$3Ca(OH)_2 + 2SiO_2 = 3CaO \cdot 2SiO_2 \cdot 3H_2O$$

스트래틀링가이트 반응

$$2Ca(OH)_2 + Al_2O_2 + SiO_2 + 6H_2O = 2CaO \cdot Al_2O_2 \cdot SiO_2 \cdot 8H_2O$$

포졸란 반응은 크게 두 가지가 있는데, 흙속의 실리카와 알칼리가 반응하여 CSH겔을 생성하는 아필라이트Afwillite 반응과, 흙 속의 실리카와 알루미나가 동시에 알칼리와 반응하여 CASH겔을 생성하는 스트래틀링가이트Strätlingite 반응이 있다. 이 두 가지는 동시에 일어나게

표7. **결합재 이론의 강도 발현 개념**

반응의 진행
물과 점토분의 반응이 진행되면서 전체적으로 경화체를 형성
점토분의 실리카와 회의 알칼리가 반응(Afwillite 반응) 실리카, 알루미나가 동시에 알칼리와 반응(Strätlingite 반응)하여 포졸란 생성 겔 경화체 형성
점토분-물 경화체(가는 선)와, 포졸란 생성 겔(굵은 선)이 점토분·실트·모래·자갈 등의 다른 흙 입자들(육각형)을 서로 엮어 주면서 흙이 강도 발현하게 됨.

되며, 이로 인해 강도가 발현된다.(표7)

이러한 반응이 진행되면서, 물과 점토분이 수소 결합을 하여 생긴 경화체와 포졸란 작용으로 생긴 겔이 다음 그림10과 같이 점토분·실트·모래·자갈 등의 다른 흙 입자들을 서로 엮어 주면서 흙이 경화하도록 하는 역할을 한다. 이는 마치 콘크리트에서 시멘트 경화체가 모래와 자갈을 엮어 콘크리트 경화체를 만드는 것과 같다. 이러한 흙과 석회의 반응은 시멘트 반응과는 다른 것이다. X선 회절 분석에 관한 그림10에서 보여지듯이 명확하게 다름을 확인할 수 있다.

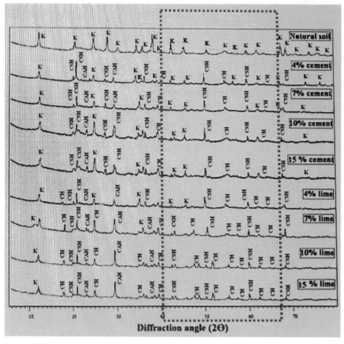

그림10. 흙과 석회 반응의 X선 회절 분석

시멘트cement가 들어간 것은 칼륨(K)이 나타나는 반응, 석회lime가 들어간 것은 흙과 석회가 반응
하여 새로운 반응체(CH나 CSH)가 만들어지는 것을 알 수 있다. (출처_양준혁)

석회의 적정 첨가량은 흙마다 다르므로 사용하고자 하는 흙에 석회를 비율별로 첨가하여, 강도를 확인한 뒤 사용해야 한다. 석회는 생석회와 소석회가 있는데, 생석회는 반응이 빠르고 팽창성이 있어서, 흙과 반응하는 데 유리하지만 그 반응이 워낙 급격하므로 품질 관리에 어려움이 많다. 소석회는 생석회가 소화되어 생긴 것이며(표8의 반응식 참조), 반응이 안정적이다. 생석회를 물에 담가 두거나 소석회를 물에 담가 두었다가 사용하면 좋다. 이는 석회 입자 속까지 물이 스며들어 반응이 잘 일어나도록 하려는 것이며, 대기 중에서 석회가 이산화탄소와 반응하는 것을 차단하여 순도를 지키기 위함이다. 일부에서는 몇 년씩 물에 담가 두었다가 사용하기도 한다. 참고로 석회는 석회석에서 오는데, 제조 과정에서 이산화탄소를 발생시키기는 하나 생석회, 소석회, 석회석으로 이어지는 반응에서 그 이산화탄소를 다시 소모하므로 유럽에서 친환경 물질로 인정하고 있다. 또한 석회는 그 자체는 강알칼리성의 물질로서 인체에 유해할 수 있으나 흙과 반응하면 안정하고 무해한 물질로 바뀌게 된다. 최근에는 실내 중의 유해 물질 제거에도 좋은 효과가 있다는 보고가 있다.

표8. 석회의 반응식

$CaCO_3$ (석회석)	CaO (생석회)+ CO_2
$CaO + H_2O$	$Ca(OH)_2$ (소석회) : 소화 반응
$Ca(OH)_2 + CO_2$	$CaCO_3$

2) 흙의 활성화

보통의 흙도 석회와 만나면 포졸란 작용을 일으키는데, 이는 흙 속의 활성화된 흙 입자에 의한 것이다. 이를 더 많이 빠르게 일으키기 위해 흙을 활성화시킨다. 흙을 일정 시간, 일정 온도로 가열하여 급냉을 시키면, 재결정화되는 시간적 여유가 없어서 높은 결정화 에너지를 내부에 보존하게 되고, 친화력이 있는 외부 재료에 의해 화학 결합하는 유리 상태가 된다. 이를 흙의 활성화라고 한다. 흙에 어느 정도 활성화된 입자가 있는지를 알아보기 위해, 즉 흙의 활성화 정도를 알아보기 위해 다음과 같은 실험을 한다. 이것은 KS F 2545 골재의 알칼리 잠재 반응 시험 방법(80℃의 수산화칼슘$Ca(OH)_2$ 용액에 24시간 정치시킨 후 알칼리 농도 감소 정도를 판정하는 법)을 준용한 것이다.

① 페놀프탈레인 실험

석회$Ca(OH)_2$ 포화 용액 1000g에 흙 100g을 넣고 잘 흔들어 섞은 후, 24시간 간격으로 잘 저어 준 다음 7일 정치시킨 후에 페놀프탈레인 1퍼센트 알콜 용액을 떨어뜨린다. 페놀프탈레인은 알칼리성을 만나면 붉은색으로 변하는 지시약이므로, 포졸란 반응이 일어나지 않았다면, 혼합 용액은 석회로 인해 알칼리성이므로 붉은색으로 변한다. 포졸란 반응이 일어났다면, 흙이 석회와 반응하여 수산화칼슘을 소비했으므로 혼합 용액은 알칼리 성질을 나타내지 못하여 페놀프탈레인 용액에 아무런 변화도 나타나지 않게 된다.

② 응집-응결 실험

흙 500g을 증류수와 석회과 포화 용액(물3:석회1의 비율로 혼합한 용액)에 각각 반죽하여 7일 경과 후 덩어리를 물에 교반했다. 교반한 다음 상태를 확인하면, 물에 반죽한 흙 시편은 응집이 일어나므로 물에 다시 풀어진 반면, 석회 용액에 반죽한 것은 포졸란 반응에 의한 응결 작용으로 불용성의 덩어리로 그대로 존속하게 된다.

3) 흙을 이용한 반응별 비교

흙을 이용하는 반응별 개념은 표9와 같다.

흙을 이용할 때, 흙의 반응 원리인 입자 이론에 의해 점토분과 물이 반응하여 결합이 생기고 이 결합이 흙과 흙 사이를 엮어 준다. 이때 흙의 고유 특성이 살아 있다는 게 장점이고, 물에 약한 점은 단점이 된다.

결합재 이론에 의한 반응은 위의 입자 이론에 의한 반응에다가 점토분과 회의 이온 및 포졸란 반응에 의한 결합이 엮이게 되어서, 흙의 특성을 살린 강한 결합으로 강도가 높고 물에 풀리지 않는 장점이 있다. 반면, 강력한 결합으로 인해 흙의 부드러운 질감이 다소 감소하는 단점이 있다.

흙에 시멘트를 섞어 쓰게 되면(cementation) 시멘트끼리 결합하게 되어, 시멘트 수화에 의한 수화 반응 물질이 생겨서 처음에는 강도가 높아 보인다. 그러나 이 결합이 흙을 둘러싸면, 즉 강한 결합 재료가 굳고 그 결합 사이사이에 흙이 메워지면 흙은 고유 특성을 발휘할 수 없게 된다. 또한 흙과의 관계로 인해 장기적인 강도에 문제가 있을 수 있다.

화학수지를 흙과 섞어 쓰면(imperviousness) 화학수지의 작용으로 인해 균열이 발생하지 않고 표면의 상태가 일정한 장점이 있으나, 이

	반응 원리	장점	단점
	흙 자체 반응 (수소 결합, 이온 반응)	흙의 고유 특성 구현.	강도가 낮고, 물에 약함.
	흙 자체 반응 (수소 결합, 이온 · 포졸란 반응)	흙의 특성을 살린 강한 결합. 강도가 높고, 물에 강함.	강력한 결합으로 인해 흙이 주는 부드러운 질감이 다소 감소.
	시멘트의 수화 반응 (cementation)	초기 강도가 높고 저렴.	흙의 고유 특성 상실. 장기 강도 저하 우려.
	합성수지의 경화 (imperviousness)	균열 없고 표면 상태 일정.	흙의 고유 특성 상실. VOCs 등 유해 물질 방출 우려. 자외선 열화 현상.
	고온 소성에 의한 용융 고착 (fusing)	강도가 높고, 제조 시 흙만을 이용.	흙의 고유 특성 상실. 많은 에너지 소모.

화학수지가 흙을 코팅하여 흙을 둘러싸서 흙의 특성을 발휘할 수 없게 함으로써 무늬만 흙인 상태가 된다. 또한 화학수지에서 VOCs 등 유해 물질이 방출됨으로써, 차라리 흙을 안 쓰는 것만 못할 수도 있다. 또한 합성수지의 자외선 열화 현상으로 인해 장기적으로 문제가 발생할 소지가 있다. 자외선 열화 현상이란 합성수지가 자외선에 장기간 노출될 경우 성능이 저하되는 현상을 말한다.

흙을 굽게 되면(fusing) 흙의 결합을 이루는 구조가 변하게 되고, 흙이 아닌 전혀 새로운 물질(ceramic)이 된다. 참고로 시멘트도 흙과 석회석을 원료로 하여 만드는데, 높은 온도로 구워서 만들면 흙이 아닌 새로운 물질이 되는 원리와 유사하다. 흙을 구우면, 고온 소성에 의한 흙용융 고착으로 강도가 발현된다. 이런 방식으로 만든 구운 벽돌은 오랫동안 폭넓게 이용되어 왔다. 강도가 높고, 제조 시 흙만을 이용하는 장점이 있다. 반면에 많은 에너지가 소모되고, 흙의 고유 특성이 상실되는 단점이 있다.

화학적인 안정

화학적인 안정이란 결합재 이론에 근거하는 것으로서, 화학적인 첨가제를 이용하여 흙의 성능을 개선하는 방법이다. 주로 사용하는 첨가제로는 무기계로서 석회와 시멘트, 유기계로서 천연 유기물질과 합성수지 등의 물질이 있다. 이들 첨가제와 흙은 물과 함께 섞였을 때 화학적 반응이 발생한다. 석회나 천연 유기물질은 흙의 기본 성질을 해치지 않는다. 시멘트나 합성수지는 수화 반응으로 수화 반응 물질을 생성하고 그에 의한 강도 발현(Cementation), 또는 수지막 형성에 의한 코팅 효과로 강도 발현(Imperviousness)이 되어 강도가 높은 장점이 있다. 하지만 결합재에 흙이 둘러싸임으로써 흙의 고유 성질을 잃어버리고, 또 시멘트나 합성수지가 갖는 문제점을 그대로 드러내는 단점이 있어서 되도록 사용하지 않는 게 좋다. 석회는 앞에서 언급했으므로, 여기에서는 천연 유기 계통의 재료만 언급하자.

전통적인 유기물 고착제들은, 화가나 복원가들이 경험한 바에 따라 선택한 천연물과 그 파생물로 이루어져 있다. 어떤 것은 벽화용으로 적합하고, 또 어떤 것은 회화 작품에 어울린다. 현재까지 조사된 것은 우유, 달걀 흰자, 셀락, 식물성 건성유, 천연수지, 천연고무, 밀납, 아교, 동물의 대변 등이다. 전통적인 유기물을 이용한 고착 작업은 오랜 시간이 경과하면 노화되는 단점이 있는데, 현대에 와서 이런 전통적인 유기물의 단점이 잘 드러나고 있다. 서구에 비해 동양의 경우 벽화 보존을 위해 전통적인 접착제를 고착제로 사용한 예를 발견할 수 없었다. 과거 전통적인 접착제는 용도가 다양했다. 벽화에서 도벽이나 회벽의 보강을 목적으로 사용했고, 또 채색에 쓰는 물감의 매제(medium)로 사용하기도 했다. 대부분이 유기물로 크게 동물성과 식물성으로 구분된다. 현재 이러한 전통 접착제들은 합성 접착제로 인해 사용 범위가 극히 제한되었고 수급도 어려워서 일부 전통을 살린 복원에서나 찾아볼 수 있다.

1) 동물성

동서양 전반에 걸쳐 대표적인 동물성 접착제로 아교를 들 수 있다. 아교란, 불순물을 함유하고 있는 품질이 낮은 젤라틴으로, 짐승의 가죽이나 뼈를 원료로 하는데 주로 소가죽을 사용했다. 아교는 교膠의

산지 이름인 동아현東阿縣의 아阿를 따서 붙인 이름이다. 일반적으로 황갈색을 띠고, 봉상棒狀이나 알갱이로 되어 있으며, 중탕 처리로 액화시켜 사용한다. 아교는 건고乾固한 성질로 투명하고 광택이 있는 것이 좋다. 아교의 원료는 소, 양, 토끼 등 척추동물의 가죽, 뼈, 피부, 힘줄로부터 추출된 수교獸膠와, 고래古來로부터 최상품으로 취급되어 온 사슴의 뿔로 만든 록교鹿膠가 있다.

아교 다음으로 많이 사용한 접착제는 수산젤라틴이 주성분인 어교이다. 어교는 생선의 어피魚皮, 뼈, 근육, 부레, 내장 등과 결합 조직을 구성하는 경단백질 콜라겐의 열변성에 의해 생성된 물질을 말한다. 어교를 만드는 데 민어처럼 비늘이 있는 생선이 주로 쓰인다.

유럽에서는 우유 카세인을 많이 사용하는데, 우유를 데운 후 식초를 떨어뜨리면 순두부처럼 뭉글뭉글하게 뭉치는데, 이것을 흙벽에 바르면 표면 강도 증진에 도움이 된다.

2) 식물성

식물성 접착제는 해초海草류와 목초木草류, 곡穀류로 구분한다. 해초류를 이용한 접착제는 흔히 해초풀로 불린다. 이 해초풀은 연안 지역에서 채취했고, 특히 한국과 일본에서 주로 사용했다. 해초풀은 도박을 비롯한 우뭇가사리, 다시마 등을 주로 사용했다. 이 가운데 접착력이 좋은 것으로는 홍조류인 도박과 우뭇가사리를 들 수 있다. 특히 도박은 접착력이 가장 크다. 도박은 50분 정도 끓이면 쓸 수 있고 약한 불과 강한 불을 반복해 끓여서 어느 정도 점액이 빠져 나와 도박 줄기와 잎이 흐트러졌을 때부터는 약한 불로만 사용하여 저어 가며 끓여야 한다. 점액이 완전히 빠져 나온 후 도박 찌꺼기를 천에 걸러 내면 도박풀을 얻을 수 있다.

목초류는 느릅나무, 후박나무, 알테아, 옻나무, 아라비아고무나무 등 목초의 줄기와 뿌리에서 점액질을 얻어 내거나 수액을 사용했다. 이 중에 느릅나무를 고아 낸 물에 풀을 쑤어서 바르는 것이 좋은데, 느릅나무는 항균 효과가 있고 흙이 묻어나지 않는 장점이 있다. 반면에 금방 상하는 성질이 있어서 고아 낸 물은 가급적 수일 내에 빨리 사용해야 한다.

곡류는 콩, 소맥, 쌀 등을 써서 즙과 전분을 내어 접착제와 보강재로 사용했다. 특히 찹쌀은 성분 전체가 아밀로펙틴 성분이 있어서, 찹쌀풀을 쑤어서 석회와 같이 사용하면 강도 증진에 좋다. 중국 만리장성은 이를 이용한 것이다. 찹쌀가루로 찹쌀풀을 쑤는 경우, 찬물 반 컵에 찹쌀가루 1큰술을 넣고 고루 섞어서 찹쌀물을 준비하고, 냄비에 물 반 컵을 끓이면서 이 찹쌀물을 넣어서 고루 저어 준 후 식혀서 사용하면 된다.

3
—
풀칠, 흙칠, 기름칠, 콩댐으로 하는
생태 마감

　기존 건축에서는 콘크리트로 벽체를 세우고 그 위에 벽돌이나 돌 또는 기타 여러 재료로 마무리한다. 그래서 마감공사라는 별도 공사가 발달되어 있다. 흙건축은 흙벽 자체로 마무리하는 특성이 강하다 보니 별도의 마감공사보다는 흙의 재료적 특성에 맞는 내구성이 있으면서도 흙의 질감을 잘 드러내는 표면 마감이 중요하다.

내벽 마감

　내부 흙벽이나 바닥은 흙을 그대로 노출시키는 게 가장 좋지만 생활상 편의를 위해 마감하는데, 마감 방법에는 풀칠과 흙칠이 있다.
　풀칠은 풀을 흙벽에 발라 준다. 곡물이 많이 나는 지역은 곡물풀을, 해초가 나는 지역은 해초풀을 사용하여, 지역 특성에 맞는 마감법이 발달했다. 곡물풀은 밀가루, 찹쌀, 감자 등을 쑤어 바르고, 해초풀은 다시마를 끓이거나 미역귀를 우려서 바른다. 현재는 찹쌀풀을 많이 쓰는데, 물에 찹쌀을 2~3퍼센트 비율로 풀을 쑤어 쓴다. 이때

⁞ 표10. 풀칠한 흙벽

풀칠한 흙다짐벽

풀칠한 백토미장벽

⁞ 표11. 흙칠 모습

붓으로 하는 흙칠

롤러로 하는 흙칠

흙벽 위에 흙 뿜칠

합판 위에 흙 뿜칠

항균 효과가 있다고 알려진 느릅나무를 끓인 물에 풀을 쑤어 바르면 더욱 좋다. 풀칠하면 표면의 가루가 묻어나지 않고 흙벽이 원색 그대로 보이는 장점이 있다. 표10은 풀칠한 내부 흙벽의 모습이다.

흙칠은 흙페인트earth paint[2]라고 불리는데 풀에 고운 흙가루를 섞어 바른다. 흙칠은 바를 때 기존 페인트와는 성상이 다르다. 한 번 칠하면 바탕이 보여서 바를 때 제대로 바르고 있나 하는 의심이 들 정도이다. 두 번, 세 번 칠할수록 흙의 색이 올라와서 고른 표면이 되고, 마르면서 색이 더욱 잘 드러난다. 칠은 두 번 정도 칠해도 되나 세 번 이상 칠하면 색감이 더욱 좋아진다. 시중에 판매되는 흙페인트는 이러한 원리를 이용하여 상업화한 제품이고, 구입해 써도 되며, 여건이 허락한다면 직접 만드는 게 좋다. 이러한 페인트에 석회를 첨가하면 외부에 사용할 수 있는 외부용 흙페인트가 된다.

흙칠은 붓이나 롤러로 바르거나 뿜칠기로 뿜칠하는데, 뿜칠기는 기존 시멘트 미장 뿜칠 기계를 사용할 수 있다. 표11은 다양하게 흙칠하는 모습을 보여 준다.

외벽 마감

콘크리트벽이나 벽돌벽 그리고 흙벽과 같이 다공성 재료로 된 벽은 물이 잘 흡수되는 성질이 있다. 이렇게 흡수된 물이 얼면서 표면을 부스러지게 하므로 표면을 잘 마감하여 수분이 스며들지 않게 하는 게 아주 중요하다. 기존 콘크리트벽이나 벽돌벽은 화학발수제를

---

2   이진실, 「표면 경도 및 내수성을 고찰한 천연페인트의 성능」, 목포대학교 석사 학위 논문, 2016.

표12. 기름을 써서 생태 마감한 흙벽

기름 마감을 한 흙다짐벽

기름 마감을 한 흙벽돌벽

표13. 생태페인트로 마감한 벽과 바닥

생태페인트(기름+녹색 안료)로 마감한 욕실 벽

생태페인트(기름+푸른색 안료)로 마감한 방바닥

사용하여 이러한 수분의 흡수를 막는데, 흙벽은 화학적인 재료를 사용하지 않고 생태적으로 마감하는 게 필요하다.

이러한 생태 마감에 기름이 쓰이는데, 각 지역의 기후 특성에 따라 다양한 기름이 사용된다. 기름은 건조성에 따라 나눈다. 건조성이란 유지가 공기 중에서 산소를 흡수하여 산화·중합重合·축합縮合을 일으킴으로써 차차 점성이 증가하여 마침내 고화固化되는 성질을 말한다. 아마인유·동유桐油·들기름 등이 건성유에 속하고, 채종유菜種油·면실유·참기름·콩기름은 반건성유에 속하고, 동백유·피마자유·올리브유 등은 불건성유에 속한다. 불건성유도 건조 속도가 느릴 뿐이지 아예 건조가 안 되는 것은 아니라서 지건성유로 부르는 게 타당하다.[3]

흙건축에는 아마인유가 많이 쓰인다. 흙으로 벽체나 바닥을 만들고 완전히 건조시킨 다음, 아마인유를 하루에 두세 번 먹인다. 그리고 날씨에 따라서 일주일이나 열흘 후에 아마인유를 한 번 더 발라서 마무리한다. 아마인유를 구하기 어려우면 콩기름을 쓴다. 콩기름은 아마인유보다는 건조 속도가 느리므로 시간을 충분히 갖고 칠한다. 표12는 기름을 이용한 생태 마감을 보여 준다.

또한 이러한 기름의 특성을 이용하여 생태적인 페인트를 만들어 쓸 수 있는데, 기름에 천연색소(안료라 부른다)를 넣어서 만든다. 기존 페인트는 화학적인 성분이 많아서 사람과 지구에 좋지 않으며, 시중에 파는 친환경 페인트들도 기존에 비해 덜 해롭다뿐이지 사람과 지구에 해가 없다는 뜻은 아니다. 기름에 안료를 섞어서 페인트를 만들면 성분을 직접 확인할 수 있어서, 사람과 지구에 해가 없는 생태적

3   이소유,「흙벽 마감을 위한 기름의 발수 특성」, 목포대학교 석사 학위 논문, 2019.

인 페인트로 쓸 수 있는 장점이 있다. 안료의 양과 종류에 따라 다양한 색상을[4] 낼 수 있고 내벽, 외벽, 바닥 등 필요한 곳에 다양하게 쓸수 있다. 표13은 생태페인트의 활용을 보여 준다.

바닥 마감

방바닥을 흙으로 만들면 최종적인 마감을 무엇으로 할지 고민이 된다고들 한다. 장판을 깔 수도 있고, 마루를 깔 수도 있으며, 시중에서 파는 생태적 마감재로 마무리할 수도 있다. 흙이 보이고 흙이 가진 특성을 잘 발휘되게 하려면 흙 그대로 마감재가 되게 하는 것이 좋다.

앞에서 설명한 기름 마감은 좋은 방법이다. 흙바닥 위에 기름을 바르거나 색소를 넣어 만든 생태페인트를 바르면 된다. 표14는 이를 보여 주는 사례이다.

이 방법 외에 우리나라에서는 전통적으로 콩댐을 썼다. 불린 콩을 갈아서 들기름을 섞고 무명주머니에 넣어 여러 번 문지르면, 장판지가 윤이 난다. 색조를 일정하게 내려면 치자물을 콩댐에 섞어 장판지에 골고루 문지르면 아름다운 황색조를 띠게 된다. 이와 같은 치장은 장판지에 내수성을 더해 주는 이중 효과를 얻게 된다. 다만 이 방법은 손이 많이 가고 번거롭다. 이를 개선하려는 연구 결과, 콩물을 들기름과 6:4~7:3 정도의 비율로 섞어서 두세 번 발라 주는 게 좋다. 들기름의 건성유적인 특성과 콩의 단백질 고화 원리를 적절하게 이용

---

4   최덕준, 「흙건축 마감을 위한 생태페인트 색상」, 목포대학교 석사 학위 논문, 2021.

흙 기초 위에 한 기름 마감   마루 사이 흙바닥 위에 한 기름 마감

한 것으로서, 표면이 단단하고 광택이 나서 아름다운 면을 만들 수
있다.

또한 콩댐 외에도 솔방울 마감, 솔가루 마감, 은행잎 마감이 있다.
솔방울 마감은 솔방울의 송진을 이용한 마감이다. 구들장 위를 메운
흙을 고른 뒤에 은근히 말리면서, 아직 각질이 딱딱해지기 전의 푸른
기가 있는 자잘한 솔방울들의 끝을 잘라 굴림백토 위에 빽빽하게 박
아 놓는다. 그리고 면을 고른 뒤 불을 지피면 솔방울에서 송진이 우
러나온다. 우러나온 송진이 표면 장력에 의해 온 방바닥이 두껍게 덮

여 피막을 형성하게 되고, 투명하고 노르스름한 색이 나온다. 그 뒤 생활하면서 점차 닦고 문지르면 길이 들어서 매끈해진다. 오래 쓸수록 붉은 기가 더해져 호박색으로 변하며, 솔방울 특유의 향기가 나고 아름다운 솔방울 무늬를 피막을 통해 볼 수 있다.

솔가루 마감은 소나무 껍질을 가루로 만들어 곱게 친 후, 수수가루로 쑨 풀을 솔가루에 섞어 방바닥에 두껍게 바르는 기법이다. 다 마르면 들기름을 흠뻑 바르고 아궁이에 불을 때면 바른 부분이 불그스름한 호박색을 띠며 단단해진다.

은행잎 마감도 은행잎을 재료로 써서 바닥을 매끄럽고 단단한 표면으로 만드는 기법이다. 은행잎이 무성할 때 많이 따서 큰 절구에 넣고 짓찧고, 줄기를 골라내서 잡것 없이 연하고 매끄럽게 가루로 만든다. 이 가루를 반죽처럼 만든 후 흙을 고르게 하여 말린 방바닥 위에 한 치(3cm) 정도 두께로 깐다. 울퉁불퉁하지 않게 반반히 고른 다음 불을 때어 말리면 푸르고 누런빛이 표면에서 올라온다.

한지 창문을 하는 경우, 한지에 피마자유를 발라 주면 반투명의 한지로 바뀌게 되고 물에도 강해진다. 이중창이라면 바깥쪽 한지창은 피마자유를 발라 주고, 안쪽 한지창은 그대로 두면, 채광과 공기의 소통이 자유로운 창을 만들 수 있다. 조선 세종 때 온실을 피마자를 먹인 한지창으로 단 기록이 있다.

흙건축의 공법은 사용 재료에 따라, 구조 내력에 따라, 역사적 전개에 따라, 구축 방법에 따라 분류하는 방법이 있다. 사용 재료에 따라서는 재래식(저강도식)과 고강도식으로 나뉜다. 구조 내력에 따라서는 내력벽식, 비내력벽식으로 나뉜다. 또, 역사적 전개에 따라 흙쌓기, 흙벽돌, 흙다짐, 흙타설, 흙미장으로 변화되어 왔다. 그리고 구축 방법에 따라서는 개체식, 일체식, 보완식으로 나뉘는데, 현재는 구축 방법에 따른 분류가 가장 일반적으로 통용된다.

여기서도 흙건축의 공법을 구축 방법에 따라 개체식, 일체식, 보완식으로 나누어 설명한다. 개체식은 흙을 일정한 크기의 단위 개체로 만들어 쌓는 방식이고, 일체식은 벽체를 일체로 만드는 방식이며, 보완식은 다른 벽체나 틀에 바르거나 붙이는 방식이다. 각 방식의 대표격인 흙쌓기, 흙벽돌, 흙다짐, 흙타설, 흙미장을 '흙건축 5대 공법'이라고 한다. 이러한 공법들은 흙건축 공법의 가장 기본이 되며, 이를 응용하여 여러 가지 공법이 나올 수 있다. 단독으로 쓰이거나 혹은 두 가지 이상 병용하여, 여러 가지 다양한 공법으로 재구성할 수 있다. 이러한 흙건축 공법을 정리하면 다음 표15와 같으며, 이 중에서 가장 많이 사용하는 공법을 다시 정리하면 표16과 같다.

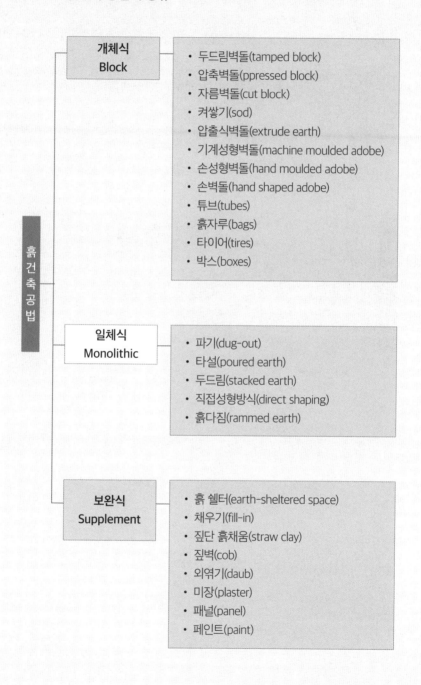

흙건축 공법

개체식
Block

- 두드림벽돌(tamped block)
- 압축벽돌(ppressed block)
- 자름벽돌(cut block)
- 켜쌓기(sod)
- 압출식벽돌(extrude earth)
- 기계성형벽돌(machine moulded adobe)
- 손성형벽돌(hand moulded adobe)
- 손벽돌(hand shaped adobe)
- 튜브(tubes)
- 흙자루(bags)
- 타이어(tires)
- 박스(boxes)

일체식
Monolithic

- 파기(dug-out)
- 타설(poured earth)
- 두드림(stacked earth)
- 직접성형방식(direct shaping)
- 흙다짐(rammed earth)

보완식
Supplement

- 흙 쉘터(earth-sheltered space)
- 채우기(fill-in)
- 짚단 흙채움(straw clay)
- 짚벽(cob)
- 외엮기(daub)
- 미장(plaster)
- 패널(panel)
- 페인트(paint)

⦂ 표16. 주요 흙건축 공법의 종류

개체식
- 흙쌓기 공법(cob, bauge)
  - 흙자루 공법(earth bag)
  - 계란판 공법(EP method)
  - 메주 공법(MJ method)
  - 보강 흙쌓기 공법(BB, BF method)
- 흙벽돌 공법(adobe)

일체식
- 흙다짐 공법(rammed earth, pise)
- 흙타설 공법(earth concrete)

보완식
- 흙미장 공법(plaster)
  - 붙임 공법(board & panel)
  - 볏단벽 공법(straw bale)
  - 흙짚 반죽 공법(earth straw)
  - 흙칠 공법(earth paint)

흙건축공법

* 바탕색이 있는 항목이 흙건축 5대 공법임.

1
–
차곡차곡 쌓아 올리는
흙쌓기 공법

흙쌓기(cob, bauge) 공법은 최밀 충전된 흙에 물을 넣어 반죽한 후, 손으로 흙을 호박돌만한 크기로 만들어서 차곡차곡 쌓는 방법이다. 이렇게 쌓아서 벽체를 만들고 나서, 표면을 다듬어서 벽체를 완성한다. 그림11은 이 과정을 간략하게 보여 준다.

흙에다 짚을 섞기도 하고 그냥 할 수도 있다. 물의 양은 포수 상태와 소성 상태로 한다. 흙을 반죽하여 바로 쌓는 것으로서, 아래쪽의

그림11. 흙쌓기 공법의 과정 (그림 이예진)

❖ 표17. 흙쌓기 공법의 순서

① 흙 비비기

② 알매흙 만들기

③ 알매흙 준비

④ 알매흙 쌓기

⑤ 완성된 벽면(다양한 표면 연출 가능)

① 알매흙 만들기

② 병을 이용한 알매흙

③ 알매흙 꾸미기

④ 알매흙 쌓기

⑤ 흙쌓기

⑥ 마무리

흙이 완전히 마르지 않은 상태에서 위쪽을 많이 쌓게 되면, 아래쪽의 흙이 주저앉게 되므로 하루 작업 높이는 60㎝ 정도가 적당하다. 아래쪽의 흙이 완전히 마른 후에 다시 위쪽을 쌓아 나간다. 쌓을 때 흙덩어리와 덩어리 사이에 철망이나 철사 등으로 보강해 주어도 좋다. 쌓는 흙의 형태는 동글동글하게 하여 쌓을 수도 있고, 약간 평퍼짐하게 하여 쌓을 수도 있다. 흙을 다 쌓은 후에 쌓은 흙을 그대로 두어 표면을 올록볼록하게 할 수도 있고, 표면에 흙을 덧대거나 문질러 반듯한 표면으로 만들 수도 있어 다양한 표면 연출이 가능하다.

흙쌓기 공법을 응용한 것으로 흙자루(earth bag) 공법, 계란판(EP) 공법, 보강 흙쌓기 공법 등이 있다.

흙자루

흙자루(earth bag) 공법은 자루에다 흙을 넣어서 쌓는 것이며, 흙부대 공법이라고도 한다. 이때 자루는 다양한 형태와 크기가 가능하며, 이로 인해 다양한 형태로 연출이 가능한 장점이 있다. 자루가 기본 형태를 잡아 주므로 안에 넣는 흙은 배합이 까다롭지 않은 장점이 있으며, 흙 배합 시 물의 양은 포수 상태와 소성 상태로 한다. 또한 벽돌처럼 말리는 시간이 필요하지 않고, 흙쌓기처럼 하루에 쌓는 높이의 제한이 상대적으로 적어서, 외국에서는 긴급 구호 주택에도 많이 사용된다.

흙자루를 쌓을 때에는 자루와 자루 사이에 철조망을 넣어 위아래를 연결하거나, 철사로 엮어 줄 수도 있으며, 끈으로 아래 위를 엇갈리게 엮어서 잡아 줄 수도 있다. 또한 기초에서부터 앵커를 연결하거나 철근을 세워서 지지할 수도 있다.

표19. **흙자루 공법 실습**

① 흙 재료 준비

② 흙자루 만들기

③ 흙자루 쌓기

④ 흙자루 쌓기

⑤ 표면 문지르기

⑥ 거친 표면(미장으로 고운 표면 가능)

계란판

흙쌓기 공법을 응용한 공법으로, 흙쌓기 공법의 경우 하루에 너무 높게 쌓게 되면, 하단부가 마르지 않아서 벌어지는 등의 문제가 생기는데, 계란판(EP) 공법은 계란판을 사용하여 이러한 단점을 극복할 수 있다.

시중에서 쉽게 구할 수 있는 계란판(30개들이)을 이용하며, 계란판의 굴곡이 상하 흙을 교착시켜서 튼튼하며, 종이 재질 사이로 흙의 결합 성분이 스며들어 상하 흙이 일체화되는 개념이다.

⫶ 표20. 계란판 공법의 시공 순서

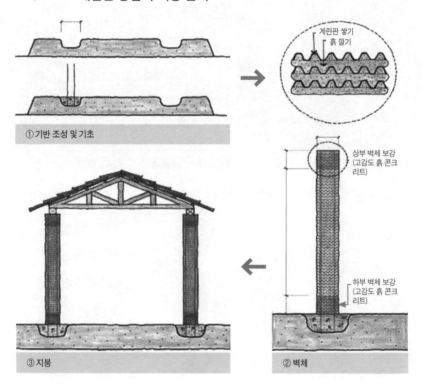

그림에서는 기초를 콘크리트로 했으나 계란판으로 할 수 있다.

① 흙 비비기

② 계란판 깔기

③ 흙 채워 깔기

④ 계란판 깔기(반복)

⑤ 원하는 높이까지 계란판-흙깔기 반복

⑥ 미장으로 마무리

메주

메주(MJ) 공법은 흙쌓기 공법의 응용으로서, 메주와 같은 일정한 크기(300×150×90㎜)를 가진 흙을 쌓는 방법이다. 흙을 틀 안에 넣고 벽돌을 제작한 후, 말리지 않고 직접 벽체를 만든다. 시공 방법이 벽돌 조적 방식과 흡사하며, 거푸집을 쓰지 않아서 일반인들도 쉽게 시공할 수 있다.

흙의 상태는 소성 상태 정도로 하고, 메주 흙을 쌓은 후 표면을 문지르면 마감 면을 쉽게 정리할 수 있다. 하루 쌓기 높이는 1.2~1.5m 정도로 하며, 강도와 건조 시간을 고려하여 석회 등을 혼합할 수 있다. 양생 후에 마감 미장을 진행하여 마무리한다.

⋮ 표22. 메주 공법 실습

① 틀에 자루를 깔고 흙 넣기　　② 틀 빼기

③ 메주 흙쌓기　　④ 표면 문질러 마감하기

BB와 BF

흙쌓기 공법을 응용 보완하는 방법으로는 보강 흙쌓기 공법인 BB 공법과 BF 공법이 있다.

BB 공법은 흙쌓기를 할 때, 흙 가운데에 대나무나 나뭇가지 같은 보강재를 깔면서 쌓는 방법이다. 아래층과 위층 사이에 접착력을 높여 주고, 벌어짐을 작게 해 준다. 만리장성 등 예전부터 많이 쓰였던 공법이며, 현재에도 많이 쓰인다.

BF 공법은 흙쌓기를 할 때, 외부 측에 대나무 같은 보강재를 먼저 세우고, 그 가운데에 흙을 채워 넣는 방법이다. 이 흙이 마르면서 구조를 담당해 줘서, 외부 측에 세웠던 대나무는 장식의 역할을 하거나 썩어 없어지면 그 자리가 패여 독특한 문양이 된다.

⋮ 표23. **보강 흙쌓기 공법**

① BB 공법: 대나무 깔기　　② BB 공법: 대나무 위에 흙쌓기

③ BF 공법: 대나무틀 세우기　　④ BF 공법: 흙 채운 후 모습

2
–
흙을 똑같은 크기로 압축한
흙벽돌 공법

흙벽돌(adobe) 공법은 흙을 일정한 크기의 벽돌로 만들어서 사용하는 공법이다. 흙벽돌[5]은 틀에 흙을 넣어서 만드는데, 필요에 따라 고압 기계를 사용하기도 한다. 벽돌을 만들 때 흙의 배합은 흙벽돌 입도 분포를 따른다. 흙벽돌은 물에는 약하므로 물에 대한 대책을 세운 후 사용해야 한다. 고강도 흙벽돌은 강도가 크고 물에 강하므로 제한 없이 사용할 수 있다.

최근에는 빗물이 시멘트 보도블록을 통과하여 토양을 오염시키는 문제가 발생해서 이를 해결하기 위해 투수 흙벽돌이 개발되었다. 또한 흙벽돌을 대형화하여 토목 자재로 이용하는 사례도 늘고 있는데, 빗물저류조가 대표적이다. 물을 흡수하여 지하로 보내는 투수층이

---

5   로마시대의 건축가 비트루비우스(Marcus Vitruvius, ~기원전 25년)가 남긴 기록에 보면, 태양에 건조시킨 벽돌의 제조법을 기술하고 있다. 여기서 그는 균질한 건조를 위해 봄철이나 가을철에 제작할 것을 권유한다. 또 유티카Utica에서 건축용 벽돌은 적어도 5년 전에 만들어진 것을 당국이 검증하기 전에는 사용할 수 없다고 기록하고 있다. 동서양을 불구하고 태양에 건조시킨 벽돌의 사용은 오랫동안 지속되었으며, 세계 곳곳의 농촌 지역에서도 아직도 이 방법을 많이 이용하고 있다.

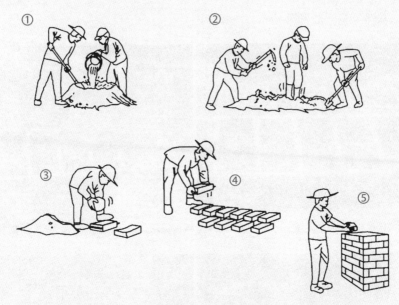

그림12. 흙벽돌 공법 개념

재래식 흙벽돌은 흙에다 짚을 섞은 후 물을 넉넉히 넣어 반죽한다. 반죽한 흙을 나무틀에다 던져 넣고 나무틀은 빼고 흙은 말려서 벽돌로 사용한다. 물벽돌은 물이 많아서 말릴 때 모양이 일그러질 우려가 있으므로 하루에 한 번씩 벽돌을 돌려 세워서 말린다. 물의 양은 소성 상태와 액상 상태 정도로 한다.

고압 흙벽돌은 기계를 이용하여 흙을 고압으로 성형하여 만든다. 물의 양은 포수 상태 정도로 한다. 고압 벽돌은 반죽 상태를 조절하기가 쉽지 않고 기계 조작도 어려워서 특별한 경우에만 사용하는 게 좋다. 통상적으로 재래식 흙벽돌 방식이 만들기 쉽고 만든 후 벽돌 모양도 자연스럽다.

고강도 흙벽돌은 고강도 흙 재료를 성형기에 넣어서 진동 고압으로 찍어 낸다. 구운 벽돌과 비슷한 정도의 강도가 발현되며, 물에 강해 외부용으로도 쓸 수 있다. 물의 양은 포수 상태 정도로 한다.

(그림 이예진)

적어지는 도시 불투수면의 증가, 그리고 기후 변화로 인한 침수와 가뭄, 씽크홀, 지하수 고갈 등의 문제를 해결하기 위해 이러한 대형 블록을 이용한다. 이를 쓰면 빗물이 2~3개월 장기간 저류 침투함으로써 가뭄과 홍수 조절에 도움을 준다.

① 벽돌틀 설치

② 바닥에 모래를 깔고 흙 채우기

③ 흙 채우기

④ 상면 정리

⑤ 벽돌틀 빼기

⑥ 완성

表25. 고압 흙벽돌과 고강도 흙벽돌

수동 기계를 이용한 고압 벽돌

진동 고압 방식의 고강도 흙벽돌

고강도 벽돌의 다양한 크기와 색상. 흙을 굽지 않기 때문에
다양한 색상 표현이 가능하다.

: 표26. 재래 흙벽돌 실습 1

① 흙 재료 준비

② 벽돌틀 빼기

③ 흙벽돌 건조

④ 흙벽돌 건조

⑤ 건조로 물기가 빠진 흙벽돌

⑥ 흙벽돌을 돌려 세워서 건조

표27. 재래 흙벽돌 실습 2- 흙벽돌 쌓기

표28. 재래 흙벽돌 실습 3- 흙벽돌 누비안 쌓기

표29. 재래 흙벽돌 실습 4- 누비안 아치 쌓기

① ②

③ ④

⑤ ⑥

예멘의 성벽도시 시밤(1982년 세계 문화유산으로 등록)

인디언 주택, 미국 산타페

흙벽돌로 지어진 사우디아라비아 전시 센터

흙벽돌로 지어진 다층 건물, 프랑스 일다보

독일 발도르프 유치원

부르키나 파소 간도Gando 초등학교,
프랜시스 케레Francis Kere(프리츠커상 수상자)

고강도 흙벽돌이 적용된 서울 반포 빌라

가평 P골프장 클럽하우스

김제 지평선 중고등학교

김포 한강 홍보관

파주 출판 도시, 열림원

무주 태권도박물관

⋮ 표32. 외부에 적용된 고강도 흙벽돌 공법

고강도 흙벽돌로 만들어진 국립중앙박물관 외부 보도

잔디와 어우러진 고강도 흙벽돌. 경기 가평

횡단보도에 적용된 고강도 벽돌. 차량이 다닐 수 있을 만큼 강도가 높다.

하천호 안에 적용된 고강도 흙블록의 식재 전후 모습. 서울 중랑천

물을 투과하는 투수 흙블록. 도시의 빗물 순환과 열섬 현상 저감에 도움을 준다.

대형 투수 흙블록을 이용한 빗물 침투 저류 시설의 모습

3
–
거푸집에 흙을 넣고 다지는
흙다짐 공법

흙다짐 공법은 영어권에서는 rammed earth, 불어권에서는 pise로 지칭되며, 우리나라에서는 담치기, 흙담, 다짐벽, 토병 등으로 불러 왔다. 흙을 다져 넣는 틀을 담틀이라 하여 담틀 공법으로도 불린다.[6] 이 공법은 거푸집을 짠 후 그 안에 흙을 넣고 공이나 다짐기로 다져서 벽체를 만들며, 튼튼하고 아름다운 벽체를 구성할 수 있는 장점이 있다. 유럽, 남미, 아프리카, 중동 등 여러 지역에서 많이 사용해 온 공법이며, 우리나라에서도 많이 사용한다.

거푸집과 다짐공이만 있으면 무엇이든 만들 수 있어서, 일을 끝내고 돌아와 동네 사람들이 모여 횃불을 켜 놓고 밤새 작업하면 집 한 채를 뚝딱 지었다 하여 옛날에는 도둑집이라고도 불렸다. 특히 전라도 서해안지역에서는 많은 집들이 이 공법으로 지어졌으며, 특이한 점은 집을 짓는 데 여자들이 역할을 주로 담당했다는 점이다. 이러한

---

6 한국흙건축연구회에서 담틀 공법을 흙다짐 공법으로 정리했으며, 이러한 흙다짐을 위한 거푸집을 담틀로 정리했다.

흙집은 1970년대까지 명맥이 이어져 왔는데[7], 70년대 이후 폭력적인 이른바 새마을 운동 이후 그 맥이 끊어졌다.

흙다짐 공법에서 흙 배합은 흙다짐 입도 분포표를 따르면 되고, 물은 포수 상태로 하며, 적정 함수율은 함수율 실험인 프록터 실험을 통해 결정한다. 물이 많으면 이쪽에서 다지면 옆이 솟아오르는 이른바 스펀지 현상이 발생하여 잘 다져지지 않고, 다져지더라도 나중에 건조되면서 물이 증발한 자리에 균열의 우려가 있다. 최근에는 기존 흙다짐의 단점을 보완하여 고강도의 흙을 이용한 고강도 흙다짐 (High-performance Rammed Earth, HRE, Hi-Pise)이 개발되어 사용되고 있다.

흙다짐에 필요한 흙의 양은 토질역학에서 사용하는 토량 환산 계수를 준용하는데, 성토된 흙의 양을 1로 보면 다진 후 흙의 양은 0.64가 된다. 따라서 다짐 후 흙의 양을 1로 보았을 때, 준비해야 하는 흙의 양은 1.56이며, 할증을 고려하면 그 이상이 필요하게 된다.

흙다짐을 위한 거푸집은 여러 가지 재료로 만들 수 있는데, 현장 여건에 맞게 다양한 방식으로 담틀을 짤 수 있다는 게 장점이기도 하다. 나무로 틀을 짤 수도 있으며, 철제로 짜거나, 기존 공사에서 사용되는 유로폼을 이용할 수도 있다.

흙다짐의 가장 큰 문제는 단열이다. 흙만으로는 단열 기준을 맞추기가 어려운 데다가, 흙다짐은 표면의 흙무늬가 아름다워 내외벽 어느 곳도 단열재를 시공하기가 곤란했다. 이 문제를 해결하기 위해 다

---

7   신영훈은 "1970년도 초반쯤 정읍에 갔었다. 산기슭에서 맑고 고운 석비례를 퍼왔다. 아직
    도 습기가 채 마르지 않은 흙을 바자에 담아다 나무판 거푸집 사이에 붓는다. 몇이서 서까
    래 같은 굵은 나무를 들고, 거푸집 속에 들어가 퍼부은 흙을 지근지근 밟으면서, 서까래로
    퇴방아 찧듯이 다진다. 선소리 잘 매기는 이가 있으면, 일터에는 구수한 소리가 넘친다."고
    기록하고 있다. (「흙으로 짓는 집」, 대한건축학회지 36권 3호, 1992.5)

전통식 흙다짐틀1

전통식 흙다짐틀2

짐벽 가운데에 단열재를 넣어서 시공하는 것을 시도하곤 했는데, 시공이 어려워 큰 효과를 보지 못했다. 최근에 개발된 단열흙다짐이나 경량흙다짐[8]은 단열 기준에 맞춰 단열 성능을 보강한 방법이다. 다짐벽 가운데에 자연 단열재인 왕겨나 왕겨숯을 넣고 다지는 것으로써 그간의 단열 문제를 해결했다.

8 3장에서 흙건축의 열적 특성을 상세히 다룬다.

표34. 여러 종류의 흙다짐 거푸집

목재로 짠 흙다짐 거푸집

유로폼으로 짠 흙다짐 거푸집

철재와 유로폼 혼용 흙다짐 거푸집

철재로 짠 흙다짐 거푸집

① 마구리판 세우기 　② 측면판 관통 폼타이 끼우기 　③ 마구리판 폼타이 조립

④ 측면판 지지틀 조립 시작 　⑤ 측면판 양측에 지지틀 조립 　⑥ 지지틀과 측면판 조립 모습

⑦ 마구리판 조립 모습 　⑧ 코너 파손 방지 비드 설치 　⑨ 다지기

⑩ 두 번째 단 조립 　⑪ 다지기 　⑫ 거푸집 제거 후 완성 모습

표36. 흙다짐 사례

PC로 만들어 세운 전남 무안 실습장

전북 무주 된장공장

전남 여수 응령리 주택

경남 산청 주택 전경

강원도 철원 별비 내리는 마을

프랑스 일다보(CRATerre 제공)

입자 크기에 따른 표면 효과(작은 입자)

입자 크기에 따른 표면 효과(크고 성긴 입자)

흙다짐 공법의 개구부 처리

기울기를 준 흙다짐벽

표38. 흙다짐 공법이 적용된 사례

강원 영월 구인헌

강원 홍천 내면성당

경남 산청 등산객 쉼터

전북 완주 흙숙소

충남 홍성 이응노의 집

전남 무안 흙마을 피라미드집

4
–
거푸집에 고강도 흙을 붓는
흙타설 공법

건물 구조체

흙타설(eatth concrete) 공법은 고강도의 흙을 콘크리트처럼 거푸집에 부어 넣는 방법이며, 비에 강하고 강도가 높다. 앞에서 말한 대로 결합재 이론에 의해 만들어지며, 산지마다 흙 성분이 달라서 흙을 분석하고 그에 맞게 배합한다. 시멘트처럼 공업 생산되며, 상용화된다면 시멘트 대신 편리하게 사용될 것으로 보인다.

구조체를 이 공법으로 짓게 되면, 그 동안 겪었던 흙의 제약에서 벗어나 다양한 형태와 크기를 갖춘 흙건축을 지을 수 있어서, 흙건축이 획기적으로 발전할 계기가 될 것이다. 이러한 고강도 흙 재료를 써서 일반 시멘트 콘크리트처럼 만든 게 황토 콘크리트[9]이고, 시멘트 콘크리트와 같은 방식으로 타설하여 구조체를 만들 수 있다.

목포 어린이집과 김제 지평선중학교를 신축하면서 구조체에 부분

---

9   흙타설 배합은 4장의 흙건축 시험법에서 다룬다.

흙타설이 적용된 전남 목포 어린이집 전경

전남 무안 승달산 흙마을에 있는 흙책집

적으로 적용되었으며, 영암군 관광안내소에는 전면 적용되었다. 또 무안 승달산 흙마을에 있는 흙책집에도 전면 적용되었다.

건물 외부

흙타설 공법은 건물 외부에 적용되는데, 고강도로 제조된 흙을 건물 외부 보도나 차로에 타설하는 경우가 있다. 공극을 만들어서 포

① 반죽 질기(낙하 실험 : 액상 상태)

② 기초 거푸집 설치 및 배근

③ 흙 배합

④ 기초 흙타설

⑤ 거푸집 탈형

⑥ 벽체 거푸집 설치 및 배근

⑦ 벽체 거푸집 설치

⑧ 지붕 거푸집 설치 및 배근

⑨ 지붕 거푸집 지지대

⑩ 벽체와 지붕에 흙 타설

⑪ 거푸집 탈형

⑫ 완성

황토 콘크리트 포장 타설(서울 아차산)

황토 콘크리트 포장 타설 등산로(서울 아차산)

황토 포러스콘크리트 블록(서울 한강)

황토 포러스콘크리트 블록(충북 제천 의림지)

러스콘크리트로 하여 투수나 식생에 도움을 주기도 한다. 건물 외부
에 적용하면, 고강도 흙을 사용하므로 강도와 내구성이 높아서 별다
른 사후 유지관리가 필요 없고, 자연적인 느낌을 주는 포장을 할 수
있다. 서울 아차산 등산로에 처음 적용되었고 그 사용이 점차 늘어
나는 추세이며, 향후 폭넓은 적용이 기대되는 방법이다.

　　또한 보통 콘크리트와는 달리 연속된 공극을 많게 하여 물과 공기가 자유롭게 통과할 수 있도록 연속공극을 균일하게 형성시키는 다공질의 콘크리트인 포러스콘크리트porous concrete의 사용도 늘고 있다. 보통 콘크리트는 굵은골재, 잔골재가 시멘트페이스트 중에 분산되어 있는 상태로서 수밀성이 요구되는데 비해, 포러스콘크리트는 공극을 다량으로 포함하므로 골재의 입도가 균일한 단입도 쇄석이 요구된다. 잔골재를 사용하지 않기 때문에 무세골재콘크리트No-fine Concrete라고도 하며, 다공질이기 때문에 다공질콘크리트Porous Concrete 라고도 한다. 포러스콘크리트는 내부에 복잡한 공극과 요철이 많은 표면이 있으므로, 미생물이 살 수 있는 생물막의 형성이 원활하다. 따라서 공극과 요철을 통해 수질을 정화하는 기능이 생긴다. 그리고 우수를 지하로 침투시켜서 지하수의 보급·함양, 물을 거르는 필터 효과, 열수지 개선 효과가 있어서 열섬 현상을 저감시킨다. 또한 공극으로 인한 흡음 기능도 있다. 이러한 포러스콘크리트의 다공성에 착안하여 수질 정화재, 흡음재, 녹화 기반재 등으로 이용되고 있다.

5

—

쇠흙손, 손, 붓으로 바르는
흙미장 공법

흙미장 공법은 나무나 다른 재료의 틀 위에 덧붙이거나 바르는 방법으로서, 보완식에 해당한다. 이러한 흙미장 공법을 응용한 것으로는 흙을 보드나 패널로 만들어 붙이는 붙임 공법(board & panel), 볏단벽을 쌓고 그 양쪽에 흙을 바르는 짚단벽 공법(straw bale), 짚을 흙물 속에 넣어 반죽하여 목조틀 속을 채워 넣는 흙짚반죽 공법(earth straw) 등이 있다.

흙미장

흙을 바르는 미장 공법(plaster, wattle and daub)은 지역에 따라 약간의 차이는 있으나 동서양을 막론하여 가장 많이 사용된 방식이다. 이 공법은 바탕을 나무로 짜고 그 위에 흙을 발라서 마무리한다. 경우에 따라서 흙 위에 회반죽 바름을 하기도 한다. 전통건축에서는 외를 엮거나 바탕 틀을 만들고 그 위에 흙을 바르는데, 기둥이나 인방 등이 드러나는 심벽과, 모두 흙 속에 묻히는 평벽이 있다.

흙미장 공법에는 쇠흙손(현장에서는 미장칼이라 부름)을 이용하는 쇠흙손미장(현장명은 칼미장), 쇠흙손을 사용하지 않고 손으로 미장하는 손미장, 붓으로 미장하는 붓미장이 있다. 쇠흙손미장이 가장 일반적인 방식이며, 별도로 특정하지 않고 미장이라고 하면 이 쇠흙손미장을 의미한다. 손미장은 흙을 손으로 문질러 마감하는 것이며, 흙의 투박한 질감을 잘 표현할 수 있다. 붓미장은 미장재를 약간 묽게 하여 붓으로 여러 번 덧칠하여 마무리하는 것이며, 흙페인트보다는 두텁고 미장보다는 얇아서, 시공이 간편한 장점이 있다.

미장의 배합은 흙미장 입도 분포표를 따르면 되는데, 우리나라 흙은 실트가 많으므로 모래를 첨가하여 조절한다. 입도 분포표에 맞춰 조절해 보면, 흙에 따라 다르지만 60~70퍼센트의 모래가 들어가는 경우가 많다. 물의 양은 소성 상태와 액상 상태 정도로 하되, 가능한 적게 하는 게 좋다.

미장을 할 때, 1회 미장 두께는 가능한 얇게 하는 것이 균열이나 건조에 유리하므로 한 번에 두껍게 바르지 말고 얇게 여러 번 바르는 게 좋다. 초벌, 재벌, 정벌의 3벌이 원칙이며, 초벌은 두껍게 하고, 재벌, 정벌의 순으로 얇게 마무리한다. 단, 초벌이라도 2㎝을 넘지 않도록 하며, 가능하다면 1㎝ 내외로 하는 게 좋다. 이때 주의할 점은 앞에 바른 것이 완전히 건조한 후에 다음 미장을 해야 하며, 미장을 할 때에는 반드시 물축임을 한 다음에 미장하도록 한다. 미장은 윗부분에서 아래 방향으로 진행한다.

기존 벽체에 덧바르는 경우, 바탕이 콘크리트 면이면 바로 미장을 해도 되지만, 바탕에 페인트가 칠해진 면이면 박리가 일어나므로, 반드시 페인트를 벗겨 내고 발라야 한다. 석고보드 면 위에는 미장라스

표42. 흙미장 공법의 순서

① 페인트 그라인딩

② 걸레받이 설치

③ 물축임

④ 재료 비빔

⑤ 바르기

⑥ 완성

아파트 거실에 적용(전남 목포)

복층 아파트 거실에 적용(경기 일산)

실내 공기의 질 향상을 위해 컨테이너 하우스 내부에
적용(전남 목포)

중학교 기숙사 내부에 적용(전북 김제)

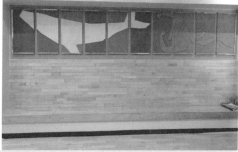

건식으로 적용된 사례. 부분적으로 사전 제작한 후 부착하여 완성(전북 완주)

를 붙여 댄 후에 미장을 하도록 하며, 석고보드 면 위의 미장 총 두께가 1㎝를 넘으면 박리의 우려가 있다. 독일의 경우는 초벌을 1~2㎝로 바르고 건조 후에 정벌을 2~3㎜로 발라서 마무리하는 게 일반적이며, 일본의 경우에는 2~3㎜ 정도로 얇게 7~8번 미장하여 마무리하기도 한다. 또한, 요즈음에는 뿜칠 기계를 사용하여 인력 절감을 꾀하고, 다양한 표면 질감을 내기도 한다. 미국에서는 뿜칠 기계를 이용해 벽체를 직접 구성하는 방법을 쓰기도 한다.

　미장을 한 후 표면이 건조되면, 흙이 묻어나는 것을 방지하기 위해 해초풀이나 찹쌀풀 등을 발라서 마무리하면 좋은데, 느릅나무풀로 바르는 게 가장 좋다. 느릅나무풀은 느릅나무를 삶은 물에 찹쌀가루로 풀을 쑨 것을 말하는데, 항균 효과가 좋다.

흙붙임

　흙붙임 공법(board & panel)은 기존의 콘크리트 벽체에 흙보드를 붙여 대거나, 철골 외벽에 흙패널을 붙이는 공법이다. 실내에 적용되는 흙보드는 미장 시의 초벌에 해당하며, 흙보드를 붙여 대고 그 위에 얇게 정벌하여 마무리한다. 흙보드 외에 흙타일이나, 판 형태의 재료를 사용하기도 한다. 초벌의 인건비를 줄이고 공정을 단축시킬 수 있는 장점이 있다. 일부에서는 정벌을 하지 않고 그대로 노출시켜 디자인 요소로 사용하는 경우도 있다. 독일에서는 흙보드를 만들어 실내에 많이 사용하고 있으며, 우리나라에서도 이러한 내장용 흙보드가 연구 개발에 성공하여 선보이고 있다.

　실외에 적용되는 흙패널은 기존에 사용되던 시멘트 패널과 같이

흙으로 만든 보드

흙패널 생산 모습

사용될 수 있으며, 다양한 색상이나 질감의 표현이 가능하다. 건식 공정으로서 공기 절감의 효과가 있고, 시멘트 사용량을 줄인다는 점에서 지구환경적 측면의 친환경 재료 공법이라고 볼 수 있다. 향후 활발하게 적용이 될 것으로 전망된다.

짚단벽

짚단벽 공법(straw bale)은 볏단벽을 쌓아서 벽체를 만들고 그 위에 흙을 발라서 벽체를 마무리하는 공법이다. 볏단벽이 틀을 잡아 주는 역할과 단열의 역할을 동시에 하며, 흙은 짚단벽을 물이나 불로부터 보호해 준다. 흙으로 마무리하기 때문에 내화에도 큰 문제는 없다. 단열성이 뛰어나고 쌓기가 쉬워 선호도가 높으며, 특히 부드러운 곡선미가 잘 살아나는 의장적 장점이 있다. 짚단벽 방식은 호주에서 많이 사용되며, 최근에 내몽고 지역에 주택 보급용으로 천여 채가 지어졌다는 보고가 있다.

짚단은 겨울을 나지 않은 게 좋으며, 겨울을 난 볏단이라면 벌레에 대한 대책을 마련한 후 사용해야 한다. 겨우내 벌레들이 짚단에서 서식하기 때문이다. 초벌이나 재벌을 할 때, 짚단벽이나 흙에서 벌레나 곰팡이가 나타날 수 있는데, 이때에는 락스물을 뿌리거나, 토치로 그을려서 제거한 후에 미장을 하며, 흙을 반죽하는 물에 붕산이나 소금을 타기도 한다.

짚단벽을 쌓을 때, 기초에 앵커를 박아 두고 짚단벽을 쌓고, 다 쌓은 후에는 상부의 테두리보에 연결하여 볏단벽을 단단히 고정한다. 쌓는 중간중간에 철근 등을 박아 가며 쌓는다. 짚단벽을 다 쌓은 후 흙을 볏짚과 섞어서 짚단벽 사이사이의 빈틈에 메워 넣고, 초벌을 한다. 초벌은 짚단벽 사이에 흙이 충분히 들어가도록 눌러 넣는다. 그후 재벌, 삼벌 순으로 하며 필요에 따라 4벌, 5벌을 할 수도 있다.

짚단벽 공법은 볏단벽이 직접 힘을 받는 내력벽 방식load bearing wall 과, 짚단벽은 힘을 받지 않고 간막이벽 역할을 하는 비내력벽 방식 non-load bearing wall이 있다. 내력벽 방식으로 지은 집이 간혹 있지만, 장기적으로 침하하거나 역학적인 문제가 있어서 피하는 게 좋다. 비내력벽 방식은 앞에서 언급한 단열의 효과나 의장적인 효과를 충분히 발휘하므로, 짚단벽 공법은 비내력벽 방식을 취하는 게 좋다. 앞으로 짚단벽을 이야기할 때에는 이 방식만을 설명하는 것으로 한다.

짚단 쌓기

매쉬 설치

상부 처리

짚단 위에 흙 눌러서 넣기

2~3차 미장

마무리

흙짚 반죽 장면

흙짚 반죽으로 구성되는 벽체

흙짚 반죽

흙짚 반죽(earth straw) 공법에서는 우선, 짚을 길이 15~40㎝로 잘라 점토물 속에 넣어 반죽을 한다. 짚의 섬유질 속에 점토가 충분히 스며들도록 잘 반죽한 다음 나무틀 속을 채워 넣으면서 손이나 공이로 가볍게 눌러 준다. 단열 효과가 뛰어난 이 방식은 기후가 혹독한 북부 유럽 지방에서 흔히 볼 수 있다. 친환경 단열을 고민하는 경우에 적용할 수 있는 방법이라고 하겠다. 최근 각광받는 헴프크리트 hempcrete는 이것을 응용한 것인데, 흙과 석회를 섞고 거기에 헴프라는 섬유를 넣어서 단열성이 좋은 벽체를 만든다. 국내에서는 섬유의 공급이 원활하지 않아서 펄라이트 같은 경량성 재료를 이용[10]한다.

나무틀을 촘촘히 짜서 그대로 의장적으로 사용하기도 하고, 천연 페인트나 도배를 하기도 하며, 혹은 그 위에 흙미장 등으로 마무리하기도 한다.

10   3장 흙건축의 열적 특성에서 자세히 다룬다.

1
—
여름에 시원하고 겨울이 따뜻한,
단열

흙건축에 관한 여러 이야기 중에서 흙집은 여름에 시원하고 겨울에 따뜻해서 별도의 단열을 하지 않아도 된다는 말이 있다. 이는 냉난방 시설이 여의치 않았던 시대에는 맞는 말이나, 요즈음에는 건축 규정에 따른 단열 조건을 만족해야만 한다.

열관류율

흙건축에 관한 기본적인 사항인 재료와 공법을 파악했다고 해도, 실제 집을 지으려면 에너지 관리는 중요한 요소이다. 에너지 저감을 통해 생태적인 특성을 살리려면 더욱 그러하다. 건물의 에너지적인 특성을 좌우하는 것은 단열인데, 단열을 이해하기 위해서는 열 특성을 필수로 파악해야 한다. 이러한 열 특성은 대표적으로 열전도율, 열관류율, 열저항, 비열, 열용량 등으로 표현된다. 비열은 어떤 물질 1g을 1°C 올리는 데 필요한 열량이며, 각 재료별로 고유한 값을 가진다. 열용량은 열을 간직하는 정도이며, 비열에 밀도를 곱한 값으로 나타낸다.

열관류율(Heat transmission coefficient, K): 열관류는 고온 측에서 저온 측으로 열이 흐르는 정도이다. 열이 벽과 같은 고체를 통해 공기층에서 공기층으로 열이 전해지는 것을 말하며, 단위 시간에 $1m^2$의 단면적을 $1^{\circ}C$ 온도차로 있을 때 흐르는 열량을 열관류율이라 한다. 즉, 한 종류 이상의 재료로 구성된 복합체에 대해 전체 벽 두께에 대한 단열 성능을 표현한 값이다. 재료의 두께에 따라 달라지며, 열전도율을 재료의 두께로 나눈 값이며, 두께는 m로 환산하여 쓴다. 일정한 두께를 가진 재료의 열전도 특성을 말하며, 낮을수록 열이 잘 흐르지 않아서 단열 성능이 높다. 단위는 W/m^2k이다.

$$\text{열관류율} = \frac{\text{열전도율}}{\text{두께}} \quad (K = \lambda/t)$$

열전도율(Thermal conduction rate, λ): 어떤 물질의 열전달을 나타내는 수치로 물질 내에서 열이 전달되기 쉬운 정도이다. 열을 재료의 앞쪽 표면에서 뒤쪽 표면으로 전달하는 것을 말하며, 두께 1m, 면적 $1m^2$인 재료의 앞쪽 표면에서 뒤쪽 표면으로 $1^{\circ}C$의 온도차로 1시간 동안 전달된 열량을 말한다. 단위는 W/mk[11]이며, 어떤 물체의 고유 성질로서 전도에 의한 열 이동 정도를 나타낸다.

열저항(Thermal resistance, R): 열이 잘 흐르지 않도록 저항하는 정도로서, 열관류율의 역수이며 단위는 m^2k/W이다. 열저항값이 클수록 단

---

[11] cal 단위를 쓰면 kcal/mh℃이며, 1W/mk는 0.86kcal/mh℃이다.

: 표47. 지역별 건축물 부위별 열관류율(국토교통부, 2018년) (단위 : W/㎡·K)

건축물의 부위		지역	중부1 지역[1]	중부2 지역[2]	남부 지역[3]	제주도
거실의 외벽	외기에 직접 면하는 경우	공동주택	0.150 이하	0.170 이하	0.220 이하	0.290 이하
		공동주택 외	0.170 이하	0.240 이하	0.320 이하	0.410 이하
	외기에 간접 면하는 경우	공동주택	0.210 이하	0.240 이하	0.310 이하	0.410 이하
		공동주택 외	0.240 이하	0.340 이하	0.450 이하	0.560 이하
최상층에 있는 거실의 반자 또는 지붕	외기에 직접 면하는 경우		0.150 이하		0.180 이하	0.250 이하
	외기에 간접 면하는 경우		0.210 이하		0.260 이하	0.350 이하
최하층에 있는 거실의 바닥	외기에 직접 면하는 경우	바닥 난방인 경우	0.150 이하	0.170 이하	0.220 이하	0.290 이하
		바닥 난방이 아닌 경우	0.170 이하	0.200 이하	0.250 이하	0.330 이하
	외기에 간접 면하는 경우	바닥 난방인 경우	0.210 이하	0.240 이하	0.310 이하	0.410 이하
		바닥 난방이 아닌 경우	0.240 이하	0.290 이하	0.350 이하	0.470 이하
바닥 난방인 층간 바닥			0.810 이하			
창 및 문	외기에 직접 면하는 경우	공동주택	0.900 이하	1.000 이하	1.200 이하	1.600 이하
		공동 주택 외 / 창	1.300 이하	1.500 이하	1.800 이하	2.200 이하
		공동 주택 외 / 문	1.500 이하			

창 및 문	외기에 간접 면하는 경우	공동주택		1.300 이하	1.500 이하	1.700 이하	2.000 이하
		공동 주택 외	창	1.600 이하			
					1.900 이하	2.200 이하	2.800 이하
			문	1.900 이하			
공동 주택 세대 현관문 및 방화문	외기에 직접 면하는 경우 및 거실 내 방화문			1.400 이하			
	외기에 간접 면하는 경우			1.800 이하			

1) 중부1지역 : 강원도(고성, 속초, 양양, 강릉, 동해, 삼척 제외), 경기도(연천, 포천, 가평, 남양주, 의정부, 양주, 동두천, 파주), 충청북도(제천), 경상북도(봉화, 청송)

2) 중부2지역 : 서울특별시, 대전광역시, 세종특별자치시, 인천광역시, 강원도(고성, 속초, 양양, 강릉, 동해, 삼척), 경기도(연천, 포천, 가평, 남양주, 의정부, 양주, 동두천, 파주 제외), 충청북도(제천 제외), 충청남도, 경상북도(봉화, 청송, 울진, 영덕, 포항, 경주, 청도, 경산 제외), 전라북도, 경상남도(거창, 함양)

3) 남부지역 : 부산광역시, 대구광역시, 울산광역시, 광주광역시, 전라남도, 경상북도(울진, 영덕, 포항, 경주, 청도, 경산), 경상남도(거창, 함양 제외)

열 성능이 좋다.

$$열저항 = \frac{두께}{열전도율} \quad (R=t/\lambda)$$

건축물의 단열을 판단할 때는 건축 요소(벽체, 지붕 등)의 열관류율로 판단하는데, 국토교통부가 정한 열관류율 값 이하가 되어야 한다. 위의 표47은 2018년 국토교통부가 정한 지역별 건축물 부위의 열관류율 값이며, 열관류율은 사용된 재료가 가지고 있는 열 특성에 근거하여 도출하는데 아래 표48, 49, 50은 흙 재료 및 주요 재료의 열적 특성을 나타낸 것이다.

⁝ 표48. 흙 재료와 주요 재료의 열적 특성

재료 및 공법	열전도율 (W/mK)	비중 (kg/㎥)	비열 (kJ/kgK)	성분
재래식 흙벽돌	0.4255	1,890	0.884	흙, 모래, 볏짚(3%)
흙다짐	0.4760	1,840	1.092	흙, 모래
흙미장재	0.5372	1,910	0.754	흙, 모래, 볏짚(1%)
고강도 흙벽돌	0.5014	2,050	0.962	흙, 모래, 고강도석회
고강도 흙타설재	0.4105	2,140	0.905	흙, 모래, 고강도석회
단열 흙블록	0.1080	1,220		흙:왕겨=1:1.5(부피비)
콘크리트	1.6000	2,300	0.880	시멘트, 모래, 자갈
시멘트 벽돌	0.4577	1,800	0.942	시멘트, 모래
시멘트 몰탈	0.4116	1,830	0.916	시멘트, 모래
석재	3.3000	2.65	0.920	
목재	0.1700	0.3	0.5~0.7	수종에 따라 차이가 있음
철	53.0000	7.85	0.110	
스티로폼	0.0400	16	1.210	종류에 따라 차이가 있음
훈탄	0.0450	113	1.193	
왕겨	0.0470	104	1.404	
볏짚	0.0400	67	1.308	
펄라이트	0.0500	90		
스트로베일(갈대)	0.0600	100		
에어로젤	0.0210	90		
규산 칼슘보드	0.0600	220		
유리섬유 48K	0.0340	48		
석고보드(KS)	0.1800	700~800		

⦙ 표49. 열관류율을 만족하는 단열재 등급별 두께(중부1지역, 중부2지역)

열관류율을 만족하는 단열재 등급별 두께 (중부1지역)

부위			가	나	다	라	열관류율
거실의 외벽	외기에 직접면	공동주택	220	255	295	325	0.15
		공동주택 외	190	225	260	285	0.17
	외기에 간접면	공동주택	150	180	205	225	0.21
		공동주택 외	130	155	175	195	0.24
최상층에 있는 거실의 반자, 지붕	외기에 직접면		220	260	295	330	0.15
	외기에 간접면		155	180	205	230	0.21
최하층에 있는 거실의 바닥	외기에 직접면	바닥 난방인 경우	215	250	290	320	0.15
		바닥 난방이 아닌 경우	195	230	265	290	0.17
	외기에 간접면	바닥 난방인 경우	145	170	195	220	0.21
		바닥 난방이 아닌 경우	135	155	180	200	0.24
바닥 난방인 층간 바닥			30	35	45	50	0.81

열관류율을 만족하는 단열재 등급별 두께(중부2지역)

부위			가	나	다	라	열관류율
거실의 외벽	외기에 직접면	공동주택	190	225	260	285	0.17
		공동주택 외	135	155	180	200	0.24
	외기에 간접면	공동주택	130	155	175	95	0.24
		공동주택 외	90	105	120	135	0.34
최상층에 있는 거실의 반자/지붕	외기에 직접면		220	260	295	330	0.15
	외기에 간접면		155	180	205	230	0.21
최하층에 있는 거실의 바닥	외기에 직접면	바닥 난방인 경우	190	220	255	280	0.17
		바닥 난방이 아닌 경우	165	195	220	245	0.2
	외기에 간접면	바닥 난방인 경우	125	150	170	185	0.24
		바닥 난방이 아닌 경우	110	125	145	60	0.29
바닥 난방인 층간 바닥			35	35	45	50	0.81

⋮ 표50. 열관류율을 만족하는 단열재 등급별 두께(남부지역, 제주지역)

열관류율을 만족하는 단열재 등급별 두께 (남부지역)

부위			가	나	다	라	열관류율
거실의 외벽	외기에 직접면	공동주택	145	170	200	220	0.22
		공동주택 외	100	115	130	145	0.32
	외기에 간접면	공동주택	100	115	135	50	0.31
		공동주택 외	65	75	90	95	0.45
최상층에 있는 거실의 반자/지붕	외기에 직접면		180	215	245	70	0.18
	외기에 간접면		120	145	165	180	0.26
최하층에 있는 거실의 바닥	외기에 직접면	바닥 난방인 경우	140	165	190	210	0.22
		바닥 난방이 아닌 경우	130	155	175	195	0.25
	외기에 간접면	바닥 난방인 경우	95	110	125	140	0.31
		바닥 난방이 아닌 경우	90	105	120	130	0.35
바닥 난방인 층간 바닥			30	35	45	50	0.81

열관류율을 만족하는 단열재 등급별 두께(제주지역)

부위			가	나	다	라	열관류율
거실의 외벽	외기에 직접면	공동주택	110	130	145	165	0.29
		공동주택 외	75	90	100	110	0.41
	외기에 간접면	공동주택	75	85	0	110	0.41
		공동주택 외	50	60	70	75	0.56
최상층에 있는 거실의 반자/지붕	외기에 직접면		130	150	75	190	0.25
	외기에 간접면		90	105	120	130	0.35
최하층에 있는 거실의 바닥	외기에 직접면	바닥 난방인 경우	105	125	140	155	0.29
		바닥 난방이 아닌 경우	100	115	130	145	0.33
	외기에 간접면	바닥 난방인 경우	65	80	90	100	0.41
		바닥 난방이 아닌 경우	65	75	85	95	0.47
바닥 난방인 층간 바닥			30	35	45	50	0.81

열관류율로 단열 성능을 판단하는 과정은 ① 열저항값을 구한다
② 열관류율로 환산한다 ③ 국토교통부 기준 열관류율과 비교하여
기준값 이하인지 확인하는 3단계이다.

   ① 각 재료의 열저항값을 구한다.
      벽체를 구성하는 각 재료들의 열저항값을 구한다. (열저항=두께÷열전도율)
      각 재료들의 열저항값을 더한다.
      상수인 실내 실외 표면 열전달 저항값을 더한다.
   ② 벽체의 열관류율로 환산한다.
      열관류율 = 1/열저항
   ③ 국토교통부 기준 열관류율과 비교하여 기준값 이하인지 확인한다.

아래 그림13을 예로 하여 열관류율로 단열 성능을 판단하는 과정
을 살펴보자.

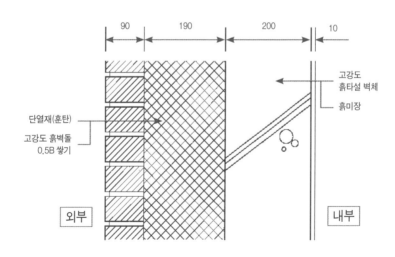

그림13. 흙건축 공법의 열 특성 계산 예시

① 각 재료의 열저항값을 구하면, 열저항은 두께(m) 나누기 열전도율이므로,

　고강도 흙벽돌의 열저항 = 0.09/0.514 = 0.1751

　단열재(훈탄)의 열저항 = 0.19/0.045 = 4.222

　고강도 흙타설의 열저항 = 0.20/0.4105 = 0.4872

　흙미장의 열저항 = 0.01/0.5372 = 0.0186

이 값들을 다 더하면 4.9029이고, 여기에 실내 표면 열전달 저항(거실 외벽) = 0.11과 실외 표면 열전달 저항(거실 외벽) = 0.043을 더하면, 벽체를 구성하는 재료들의 열저항의 총합은 5.0559가 된다.

② 벽체의 열관류율로 환산하면, 열관류율은 열저항의 역수이므로

　열관류율 = 1/열저항이니까,

　이 벽체의 열관류율은 1/5.0559 = 0.1978이 된다.

③ 국토교통부 기준 열관류율과 비교하여 기준값 이하인지 확인한다.

　본 벽체의 열관류율이 0.1978이므로 국토교통부의 기준표에서 거실 외벽 외기에 직접 면하는 공동주택 외의 기준이 중부1지역은 0.170이고 중부2지역은 0.240이므로 이 벽체는 중부2지역에서는 사용 가능한 벽체 구성이지만 중부1지역에는 기준을 넘어서는 벽체이므로 단열재를 더 보강해야 한다.

　벽체를 구성하는 각 재료들의 열저항을 구하여 합하는 과정을 거쳤지만, 실제로 단열에 영향을 미치는 것은 단열재이고 다른 재료들은 사실상 큰 영향을 미치지 않으므로, 단열재의 열저항만을 구하여, 벽체의 열관류율을 기준값과 비교해 보면 된다. 위의 예에서 단열재로만 판단해 보겠다.

① 벽체 단열재의 열저항값을 구하면, 열저항은 두께(m) 나누기 열전도율이므로, 단열재(훈탄)의 열저항 = 0.19/0.045 = 4.222

② 벽체의 열관류율로 환산하면, 열관류율은 열저항의 역수이므로 열관류율 = 1/열저항이니까,

이 벽체의 열관류율은 1/4.222 = 0.2369가 된다.

③ 중부1지역은 0.170이고 중부2지역은 0.240이므로 이 벽체는 중부2지역에서는 사용 가능한 벽체 구성이지만 중부1지역에는 기준을 넘는 벽체이므로 단열재를 더 보강해야 한다.

만일, 벽체를 재래식 흙벽돌로만 구성한다고 가정해 보면, 재래식 흙벽돌의 열전도율이 0.4255이므로, 중부1지역 외기에 직접 면하는 거실 외벽 기준값이 0.170 이하를 만족하려면, 열관류율 = 열전도율÷두께이므로 0.170 = 0.4255÷두께, 따라서 벽체 두께가 2.5m 이상이 필요함을 알 수 있다.

단열재는 여러 종류가 있지만, 친환경적인 단열재는 양모, 탄화코르크판, 왕겨, 왕겨숯(훈탄) 정도라고 볼 수 있다. 양모나 탄화코르크판이 좋기는 하지만 수입품이므로 가능하면 우리 주변에서 구할 수 있는 왕겨나 훈탄을 쓰는 게 좋다. 훈탄은 벌레의 침입이나 부식으로부터 안전한 재료이지만 가격이 고가여서 흠이다. 왕겨는 가격이 저렴하지만 벌레의 침입이나 부식의 위험이 있으므로, 왕겨를 사용할 때는 소금이나 베이킹소다를 섞어서 써야 좋다.

또한 바닥, 벽, 지붕의 단열이 끊어지지 않도록 계획하고 시공을 해야 단열 성능이 우수한 집을 지을 수 있다. 에너지가 밖으로 빠져나가 열손실이 큰 부위는 대부분 단열재 사이로 단열재 이외의 재료

가 관통하는 곳, 즉 단열재가 끊기는 부분에서 나타난다. 이러한 단열이 끊기는 부분에서는 열교나 결로 현상이 발생하는데, 열교 발생 부위는 주변 부위에 비해 상대적인 열 저항이 작기 때문에 외부의 찬 기운이 침투하여 겨울철에는 열교 부위의 실내 측 표면 온도가 낮아지게 된다. 이런 현상에 의해 열교 부위의 표면 온도가 노점 온도보다 낮아지게 되면 그 부분에 결로가 발생되어 구조체의 내구성을 떨어뜨리게 된다. 열교 현상이 주로 발생하는 부분은 건물의 바닥, 벽과 벽이 맞닿는 부분, 벽과 지붕이 맞닿는 부분 등에서 나타난다. 이러한 문제점들을 해결하기 위해 건물의 바닥, 벽, 지붕의 단열을 연결하는 단열 연결 개념이 중요하다.

네 가지 흙건축 단열

에너지 저감을 위한 여러 방안들 중에 생태적인 특징을 강조한 단열 방안들은 이중 심벽, 단열흙블록, 단열흙다짐, 경량흙다짐 등이 있다.

1) 이중 심벽

이중 심벽은 기존 심벽을 보완하여 고안되었는데, 전통건축의 심벽을 이중으로 설치하고 그 가운데 부분에 단열재를 채워 만든다. 심벽은 대나무로 외를 엮기도 하고 각목을 붙일 수도 있으며, 여건에 따라 다양한 구성이 가능하다. 양쪽 심벽에 흙을 채워 넣고 흙미장 마감을 하여 완성한다. 미장 이외에 다양한 공법으로 이중 심벽을 활용할 수 있다. 여기서 이용되는 단열재로 자연 재료인 훈탄이나 왕겨를 가장 많이 사용하며 경우에 따라 펄라이트나 다른 단열재를 사용할 수도 있다. 그림14는 이중 심벽의 구성 단면이다. 기둥·보 구조와 이중 심벽은 기존 흙벽의 단열성을 증가시켜 단열에 취약하고 비대해진 기존 흙집의 단점을 보완할 수 있는 대안이다.

기존 한옥의 벽체는 단일 심벽으로 구성되어 건축법의 단열 규정에 부합하기 어려웠으며, 더욱이 2018년 기준으로 건축법의 단열 규정이 강화되어 기존의 단일 심벽으로는 단열 규정에 부합하기 더욱 어려워졌다. 이에 단일 심벽의 단열 성능을 보완할 수 있는 새로운 벽체 구성인 이중 심벽을 살펴본다. 이중 심벽은 기존의 단일 심벽을 이중으로 세우고 단일 심벽 사이에 왕겨숯을 채워서 새로운 단열 규정에 부합하도록 했다. 기존 단일 심벽을 구성하는 부재인 흙, 목재의 열전도율과 추가되는 부재인 왕겨숯의 열전도율을 계산하여 각 부재의 필요 두께를 산정한다.

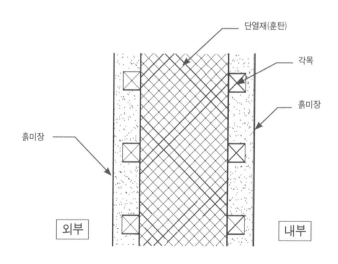

그림14. 이중 심벽의 구성 단면 예시

① 단일 심벽

기존의 단일 심벽은 그림15에서처럼 목재기둥 사이에 각재를 수직부재로 30~40㎝ 간격으로 세우고 그 양쪽으로 쪼갠 대나무를 수평으로 촘촘히 이어 뼈대를 엮는다. 그리고 양쪽에 흙을 붙인 후 미장을 하는 방식이다. 이러한 단일 심벽은 벽체를 구성하는 흙의 두께가 작아 단열 성능이 떨어진다. 더욱이 흙과 목재기둥이 만나는 부위에서는 흙과 목재의 팽창 계수가 달라 여름과 겨울이 지나면 접합 부위에서 크랙이 발생하고 이로 말미암아 더욱 단열 성능이 저하된다.

② 이중 심벽의 구성

이중 심벽은 그림16, 17, 18처럼 기존의 단일 심벽을 두 겹으로 설치한다. 실외 측에는 심벽을 기둥 사이에 설치하고, 실내 측에는 심벽을 기둥 바깥쪽에 설치한다. 그래서 실내 측에서는 기둥과 흙이 만나는 면이 없어 크랙의 염려가 없다. 심벽의 구성은 구조목 2×2각재(38×38㎜)를 수평으로 설치하고 각재 사이를 흙으로 메운 뒤 메워진 흙과 각재 위로 흙미장을 실시한다. 이중 심벽 사이에는 왕겨숯을 채운다. 왕겨숯은 왕겨를 연소시켜서 탄소화시킨 소재로서 화재에 안전하고 습도를 조정하는 친환경 소재이다. 기둥은 한옥의 경우 목재기둥을 사용하지만, 흙집에서는 흙기둥으로 한다.

이중 심벽은 한옥의 기둥 사이에 두 겹으로 벽체를 설치하여 나무와 흙의 수축 팽창으로 인한 균열을 막을 수 있을 뿐 아니라 왕겨숯을 넣는 두께를 조절하여 각 지방에 맞는 건축법의 단열 규정을 지킬 수 있다. 기존 한옥 벽체의 문제점으로 지적되는 단열 성능을 보완하기 위한 이중 심벽은 자유로이 왕겨숯의 두께를 조절하여 각 지역의

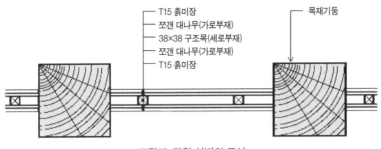

그림15. 단일 심벽의 구성

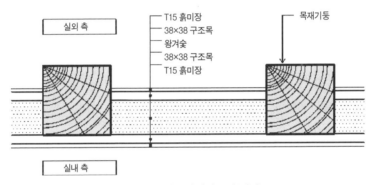

그림16. 이중 심벽의 구성(평면)

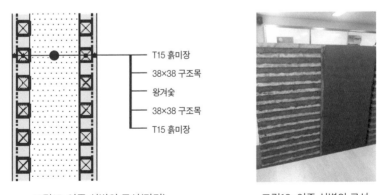

그림17. 이중 심벽의 구성(단면)   그림18. 이중 심벽의 구성

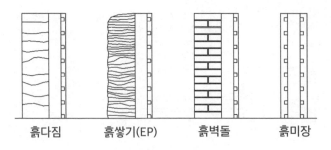

| 흙다짐 | 흙쌓기(EP) | 흙벽돌 | 흙미장 |

그림19. 이중 심벽과 흙벽체의 조합

단열 규정에 원활히 대응이 가능하다. 더욱이 실내에 설치되는 벽은 흙이 기둥을 덮게 되어서 흙과 나무의 팽창 계수 차이로 인한 균열도 막는 장점이 있다. 그림19는 이중 심벽과 다른 벽체의 조합을 나타내는데, 이중 심벽은 여타의 흙건축 공법과 연계하여, 상황에 맞는 다양한 벽체를 구성할 수 있는 장점도 있다. 표51은 이러한 이중 심벽의 설치 순서의 예시를 나타낸다.

2) 단열흙블록

단열흙블록을 쓴 단열 방식은 단열흙블록을 이중으로 쌓고, 그 사이 공간에 훈탄이나 왕겨 같은 자연 단열 재료를 채워서 단열 성능을 높인 벽체를 구성[12]한다. 기존 벽돌 이중쌓기와 유사하지만 기존 벽돌의 취약 부분을 개선했다. 단열흙블록은 흙(흙:모래:고강도석회=1:1:0. 2)에다 왕겨를 섞어서 130×130×300 크기로 만든다. 표52는 이러한 단열흙블록의 물성을 나타낸 것이며, 표53은 제작 과정이다. 단열흙블록은 속기둥 방식(표54)과 외부기둥 방식(표55)으로 활용한다.

---

12   양준영, 「자가건축을 위한 흙벽의 경량화」, 목포대학교 박사 학위 논문, 2021.

: 표51. **이중 심벽 설치 순서의 예**

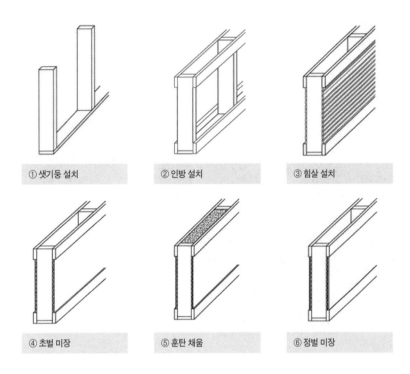

① 샛기둥 설치   ② 인방 설치   ③ 힘살 설치

④ 초벌 미장   ⑤ 훈탄 채움   ⑥ 정벌 미장

: 표52. **단열흙블록의 물성**

재료 및 공법	열전도율(W/mK)	강도(MPa)	밀도(kg/㎥)
단열흙블록 (흙·왕겨=1:1)	0.125	5.22	1,410
단열흙블록 (흙·왕겨=1:1.5)	0.108	1.97	1,220
단열흙블록 (흙·왕겨=1:2)	0.104	0.41	890

:: 표53. 단열흙블록 제작 순서

① 흙과 왕겨 투입

② 혼합

③ 단열흙블록 제작

④ 탈형 및 양생

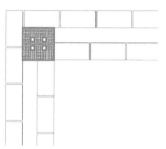

① 속기둥 방식 개념(내부에 흙기둥)

② 외부에 단열흙블록, 내부에 흙기둥 설치

③ 벽체 간 연결

④ 왕겨와 베이킹소다 채움

⑤ 반복 시공 과정

⑥ 정벌미장으로 마무리(기둥이 안 보이는 방식)

⠇ 표55. 외부기둥 방식

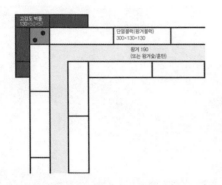

① 외부기둥 방식 개념(외부에 벽돌기둥)

② 외부에 벽돌기둥, 내부에 단열흙블록 설치

③ 벽체 간 연결

④ 왕겨와 베이킹소다 채움

⑤ 반복 시공 과정

⑥ 정벌미장으로 마무리(기둥이 노출되는 방식)

3) 단열흙다짐

흙다짐 공법의 단열 성능을 향상시킬 수 있는 방법은 시공 후 내벽 혹은 외벽에 별도의 단열 시공을 하는 것이 가장 간단하다. 그런데 이러한 방법은 흙다짐 공법 특유의 다짐층을 단열재와 마감재로 가려 버리는 문제가 있다. 때문에 해외의 일부 건축가는 양쪽에 다짐을 따로 시공한 후 중간에 단열재를 채워 넣는 방식으로 시공하기도 한다. 여기서는 흙다짐벽의 단열 성능을 향상시켜 건축법상 단열 기준을 만족시키고 흙다짐 벽 양쪽의 다짐결을 유지하면서 빠르고 간단하게 시공하는 방법인 단열흙다짐[13]에 대해 이야기하기로 한다.

단열흙다짐은 강도와 다짐의 시공성을 고려하여 고강도흙다짐 공법을 사용한다. 고강도흙다짐 중심부에 단열재를 배치하여 벽체의 내외부에 별도 시공 없이 다짐결을 살릴 수 있으며, 단열 성능을 향상시킨 벽체를 만들 수 있다.

중심부에 위치한 단열재로 인해 다짐벽이 내벽과 외벽으로 분할되는 문제를 해결하기 위해 주변에서 쉽게 구할 수 있는 와이어매쉬를 사용한다. 와이어매쉬를 사용할 경우 내벽과 외벽을 연결해 주기 때문에 강도와 내구성을 보완할 수 있다. 와이어매쉬가 고정하고 있어 시공 중 다짐 압력에 의해 떠오르는 현상이 없으며 흔들림이 없기 때문에 단열재의 벌어짐에 의한 열교 현상을 최소화할 수 있다. 또한 다짐벽 중심부에 단열재가 들어가서 다짐벽이 내벽과 외벽으로 분리되어 강도가 약해지거나 시공 후 벌어짐의 문제가 생길 수 있지만, 와이어매쉬가 양쪽의 다짐벽을 연결해 주기 때문에 강도가 높아지

---

13   이형록, 「고강도 단열 흙다짐의 시공 방법 분석 및 제안」, 한국흙건축학교 전문가 학위 논문, 2017.

고 시공 후 문제점을 보완할 수 있다. 표56은 이러한 단열 흙다짐의
순서를 보여 준다.

∷ 표56. **단열흙다짐의 순서**

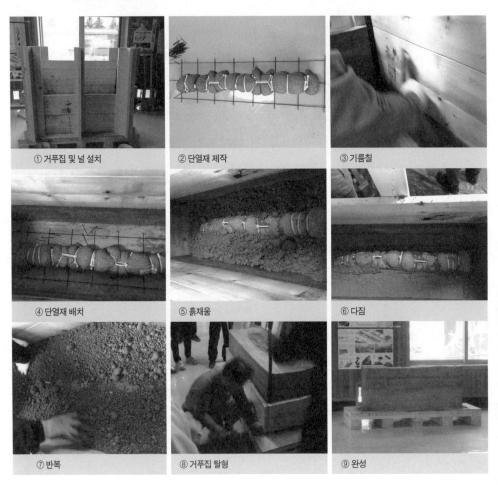

① 거푸집 및 널 설치   ② 단열재 제작   ③ 기름칠

④ 단열재 배치   ⑤ 흙채움   ⑥ 다짐

⑦ 반복   ⑧ 거푸집 탈형   ⑨ 완성

⋮ 표57. 단열흙다짐 시공 사례(전북 완주 부수마을 경로당)

표58. 단열흙다짐 시공 사례(전북 완주 두방마을 경로당)

4) 경량흙다짐과 경량흙타설

경량흙다짐과 경량흙타설은 일체식 흙벽인 흙다짐과 흙타설을 경량화하여 단열과 시공 편의성을 개선한 공법[14]이다.

기존의 흙다짐 거푸집은 기본 재료인 흙의 중량이 커서 측압이 강하게 작용한다. 이에 의한 배부름 현상과 거푸집 터짐 현상이 나타나는데, 이를 줄이기 위해 구조목을 사용해 지지대를 600㎜ 간격으로 설치하고, 흙벽의 좌굴을 막기 위해 측면 지지대를 설치하여 고정시키는 방식으로 진행한다. 기존 흙다짐 거푸집 방식은 일반인이 사용하기에 복잡한 부분이 있으며 전문가의 도움이 필요하다. 기존 흙다짐 거푸집 방식은 다음의 표59와 같다.

경량흙다짐은 주재료인 흙이 가벼워지면서 거푸집의 재료와 시공 방법이 기존의 흙다짐 거푸집보다 단순하며, 누구나 쉽게 접근할 수 있다. 경량흙다짐의 거푸집은 기존의 구조목 널 방식이 아닌 코팅합판을 이용한 거푸집 방식으로 진행한다. 경량흙다짐의 흙은 일반 흙다짐보다 상대적으로 강도가 낮아 독립적인 구조벽으로 사용할 수 없어서 목재로 구조벽을 만들고 동시에 구조벽으로 활용하는 목재에 합판 거푸집을 조립한다. 그 방법으로 140~160㎜에 육각피스를 사용하여 간단하게 조립하여 설치한다. 합판 거푸집 설치는 합판 사이즈에 맞게 목재를 배치하고 그곳에 피스로 고정한다. 내부 거푸집 설치의 경우 외부와의 길이가 달라 가로 목재를 설치하여 고정한다. 목재 간격은 500~600㎜로 배치해야 하며, 그 이상이 되면 배부름 현상과 거푸집 터짐 현상이 생길 수 있다. 경량흙다짐은 측압이 낮아

---

14 양준영, 「자가건축을 위한 흙벽의 경량화」, 목포대학교 박사 학위 논문, 2021.

표59. 일반 흙다짐 거푸집 설치 과정

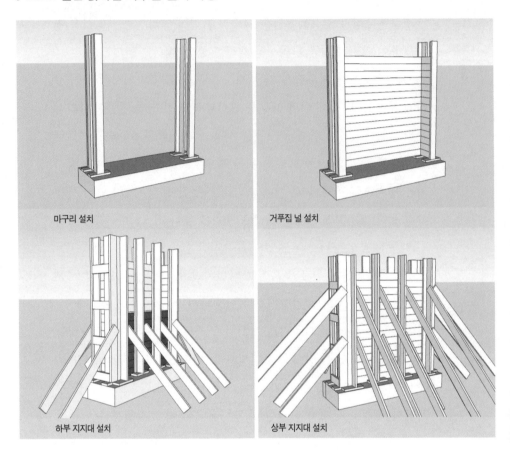

마구리 설치

거푸집 널 설치

하부 지지대 설치

상부 지지대 설치

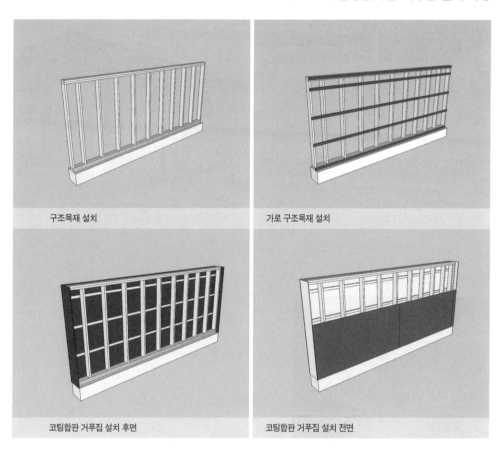

구조목재 설치

가로 구조목재 설치

코팅합판 거푸집 설치 후면

코팅합판 거푸집 설치 전면

∷ 표61. 경량흙다짐과 경량흙타설로 지어진 노인정(전남 무안)

| 경량흙다짐으로 지어진 건물 벽체 | 경량흙다짐과 경량흙타설로 지어진 건물 |

∷ 표62. 단열흙다짐의 순서

황토 결합재+물

펄라이트 첨가

경량화 흙 재료

따로 설치를 하지 않아도 되며, 경우에 따라 하부 지지대만 설치할 수 있다. 경량흙다짐 거푸집 설치 과정은 표60과 같다.

경량흙타설은 경량흙다짐과 공정이 동일하며 다만 흙의 반죽 질기가 좀 더 질어서 다지지 않고 부어 넣는다. 표61은 이 방식으로 지은 건물이다.

경량흙다짐의 배합에 사용된 재료는 황토 재료 전문회사인 C사의 황토 결합재를 이용했고, 이에 펄라이트를 사용하여 배합했다. 경량흙다짐의 함수량은 황토 결합재와 펄라이트의 중량을 합산한 값의 40퍼센트이며, 경량흙다짐의 배합은 전기믹서를 사용했다. 경량흙다짐에 사용되는 흙의 배합은 황토 결합재와 물을 먼저 믹싱한 후 펄라이트를 넣었다.

경량흙타설의 함수량은 70퍼센트이다. 70퍼센트이면 흙미장 정도의 반죽 질기가 나오며, 80퍼센트이면 액상 상태의 반죽 질기가 된다. 함수량이 80퍼센트를 넘어갈 경우 경량화 흙벽에 처짐 현상이 생기고 균열 발생 확률이 높아진다. 경량화 흙 배합 순서는 표62이다.

생태단열흙집(테라 패시브 하우스)

1) 생태단열흙집의 의미

패시브 하우스Passive House는 화석 연료의 사용을 최대한 억제하는 대신, 첨단 단열 공법을 통해 열 손실을 줄이고, 태양광이나 지열 등 재생 가능한 자연에너지를 이용하여, 에너지 낭비를 최소화한 건축물로 정의한다. 브리태니커 사전에서는 외부로부터 에너지를 끌어 쓰거나 전환하는 게 아니라 에너지가 밖으로 빠져나가는 것을 최대한 막는 방식이기 때문에 '수동적passive'이라는 이름이 붙었다. 연간 난방에너지가 건물 m²당 15kWh를 넘어서는 안 되고, 냉·난방과 온수, 전기 기기 등 1차 에너지 소비량이 연간 m²당 120kWh 미만이어야 한다. 또한 문을 닫은 집에서 공기가 새어 나가는 양이 50파스칼 압력에서 실내 공기 부피의 60퍼센트 미만일 정도로 기밀성을 확보해야 한다. 이렇게 되면 바깥 온도가 35℃일 때 맨 위층 실내 온도는 26℃를 넘지 않으며, 바깥 온도가 영하 10℃일 때도 난방 시설이 필요하지 않다. 1988년 독일의 건설물리학자 볼프강 파이스트와 스웨덴의 룬드 대학 교수 보 아담손이 제안하여 1991년 독일 다름슈타트에서 처음 지어졌다. 그후 유럽에서 보편화된 건축 기법으로 자리 잡았다. 독일 프랑크푸르트 지역의 경우 패시브 하우스로 설계해야만 건축 허가를 내 준다.

그러나 이러한 패시브 하우스는 고단열로 인한 기밀성 증대로 실내 공기질이 저하된다는 문제가 있다. 이러한 점을 보완하기 위해 센서에 의한 창문의 개폐 등 과다한 첨단 기법이 도입되어 건축비가 상승했다. 독일의 경우 기존 주택보다 15~20퍼센트 비용이 증가하고, 한국은 2~3배 증가하는 경향이 있다. 또한 이로 인해 에너지 저감이라는 목표는 달성할 수 있지만 생태적인 특성은 저하되는 문제가 있다.

패시브 하우스의 고단열 장점은 살리고, 과도한 첨단 기법으로 인한 생태성 저하는 우리 전통건축의 특성으로 보완하는 방식, 즉 단열을 하되 생태적 방법으로 하고, 과도한 기술보다 소비를 줄이는 방식이 필요하다. 바로 이러한 에너지 절감형, 그리고 적정 가격인 방식의 생태 흙집을 생태단열흙집Terra Passive House이라고 한다.

2) 생태단열흙집 짓기

생태단열흙집은 구조적으로는 전통건축의 기둥-보 방식을 차용한다. 기존 흙집이 주로 벽식 구조로서, 벽체가 구조도 담당하고 단열도 담당하는 방식이어서 벽체가 과도해지는 경향이 있었다. 생태단열흙집은 전통건축에서처럼 구조는 기둥이 담당하고, 단열은 벽체가 담당하도록 하여, 벽체가 구조로부터 자유로워지고 단열 성능도 보강할 수 있다. 기둥은 흙으로 만들 수도 있고 필요에 따라 목재 등으로 할 수도 있다. 벽체는 단열흙블록이나 단열흙다짐 또는 이중 심벽으로 하여 단열성을 높인다. 또한 초가집의 특성에 착안하여, 옥상녹화를 적용함으로써 단열 성능과 생태 성능을 더 높일 수 있다.

화석 연료를 줄이는 방안으로는, 구들을 적용함으로써 난방에 필요한 화석 연료 소모를 줄이는 방안과, 계획적 측면에서 여름집·겨울집, 코하우징co-Housing, 작은집의 개념을 도입하여 공간 구분이나 분할을 통한 에너지 소모를 줄이고 집의 생태 성능을 높이는 방안을 적극 검토하는 것이 좋다.

다음 표는 이러한 생태단열흙집의 특성을 적용하여, 원가 절감형 흙집의 프로토타입을 제안한 박수정의 연구 성과를 정리한 것이고,[15] 사진은 이러한 원리를 적용하여 목포대학교와 유네스코 한국흙건축학교가 흙건축 워크숍을 통해 지역 주민의 사랑방을 지은 모습이다.

---

15 박수정, 「한옥의 공간 구성 원리에 기반한 원가 절감형 흙집 프로토타입 제안」, 목포대학교 석사 학위 논문, 2015.

겨울집	
기본 유형 Wa - 4.5 × 6.0m Wb - 6.0 × 4.5m (향에 따른 분류)	- 원룸형 주거 형태 - 난방 공간: 온돌 또는 간편 구들 설치 - 주방: 2.4m 싱크대(조리대, 개수대, 가스레인지, 수납 공간) 아일랜드 식탁(조리대, 전기레인지, 식탁) 냉장고, 세탁기(아일랜드 식탁에 설치) - 욕실: 변기와 세면·샤워 공간의 분리 - 다락: 수납 공간, 침실 - 창문: 채광창(남측), 환기창(북, 동측)
방 추가형 WR - 6.0 × 4.5m Wr - 3.0 × 4.5m (크기에 따른 분류)	- 방 추가형으로 기본 유형에 붙어 확장형으로 이용 - WR: 큰방, 필요에 따라 가벽을 두어 작은방 2개로 사용 가능 - Wr: 작은방

겨울집의 단면 구성

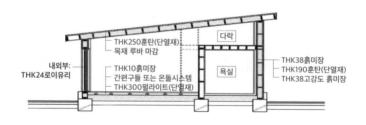

내외부:
THK24로이유리

THK250훈탄(단열재)
목재 루바 마감

THK10흙미장
간편구들 또는 온돌시스템
THK300펄라이트(단열재)

다락

욕실

THK38흙미장
THK190훈탄(단열재)
THK38고강도 흙미장

⋮ 표64. 겨울집의 기본 유형

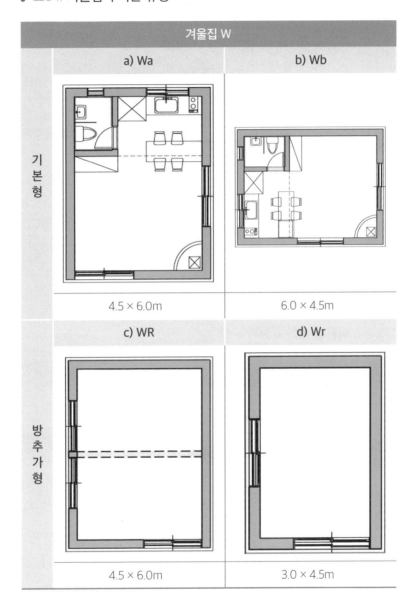

겨울집 W		
	a) Wa	b) Wb
기본형	4.5 × 6.0m	6.0 × 4.5m
	c) WR	d) Wr
방추가형	4.5 × 6.0m	3.0 × 4.5m

표65. **여름집 기본 유형의 구성**

여름집	
기본 유형 4.5 × 6.0m (자유 변형 가능)	- 비난방 공간 - 주요 구조는 목구조이고, 벽체 없이 기둥, 바닥, 지붕으로 구성됨. - 바닥: 목재를 이용한 마루 - 외부 공간을 연결하는 중간적 기능 - 저비용으로 건축 가능

표60. **여름집 기본 유형의 구성**

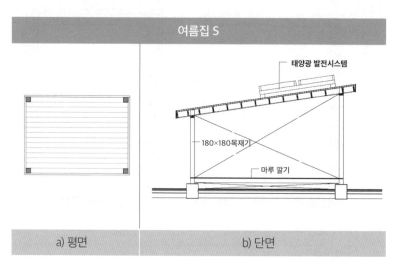

여름집 S	
a) 평면	b) 단면

a) 조합 유형	일반형 : WaS

9.0 × 6.0m: 겨울집 4.5 × 6.0m + 여름집 4.5 × 6.0m

b) 조합 유형	일반형 : WbS

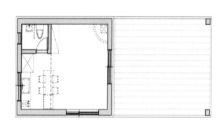

12.0 × 4.5m: 겨울집 6.0 × 4.5m + 여름집 6.0 × 4.5m

조합 유형	확장형: WaS, WbS + WR	
a		AREA: 90㎡ W: 60㎡ + S: 30㎡
b		AREA: 99㎡ W: 60㎡ + S: 39㎡
c		AREA: 90㎡ W: 60㎡ + S: 30㎡
d		AREA: 90㎡ W: 60㎡ + S: 30㎡
e		AREA: 100㎡ W: 60㎡ + S: 40㎡
f		AREA: 100㎡ W: 60㎡ + S: 40㎡

조합 유형	확장형: WaS, WbS + Wr	
g		AREA: 75㎡ W: 45㎡ + S: 30㎡
h		AREA: 75㎡ W: 45㎡ + S: 30㎡
i		AREA: 75㎡ W: 45㎡ + S: 30㎡
j		AREA: 75㎡ W: 45㎡ + S: 30㎡
k		AREA: 90㎡ W: 45㎡ + S: 45㎡
l		AREA: 79.5㎡ W: 45㎡ + S: 34.5㎡

⋮ 표70. 기본형을 이용한 확장형 조합3

조합 유형	확장형: WaS, WbS + Wr	
m		AREA: 90㎡ W: 60㎡ + S: 30㎡
n		AREA: 90㎡ W: 60㎡ + S: 30㎡
o		AREA: 90㎡ W: 60㎡ + S: 30㎡
p		AREA: 90㎡ W: 60㎡ + S: 30㎡
q		AREA: 90㎡ W: 60㎡ + S: 30㎡
r		AREA: 60㎡ + 60㎡

표71. 생태단열흙집(Terra Passive House) 시공 사례

① 5월집(완주 흙건축학교)

② 온림토가(완주 흙건축학교)

③ 완창마을(완주, 2015)

④ 원수선마을(완주, 2015)

⑤ 원가천마을(완주, 2015)

⑥ 부수마을(완주, 2015)

2

–

첨단 에너지 절약형 난방,
구들

　에너지 문제가 인류의 시급한 생존 문제로 부각되면서, 건축에서
도 다방면에 걸친 에너지 문제 해결의 방법들이 연구되고 있다. 특히
바닥 난방에 의존하는 우리 생활양식은 전통구들에 대한 관심을 다
시 불러일으키고 있는데, 흙의 열적 특성을 잘 살린 것이 구들이다.
구들은 아궁이에서 불을 지펴 열기를 보내서 방바닥에 깔린 돌을 데
우는 축열식 난방으로 복사, 전도, 대류의 열전달 3요소를 모두 갖춘
독특한 난방 기술이다. 아궁이로부터 만들어진 불의 열기로 방바닥
아래의 고래를 따라 열이 이동하면서 바닥과 구들장의 돌과 흙에 열
이 저장되고 이것이 서서히 방열되면서 실내 온도를 따뜻하게 할 뿐
아니라 쾌적한 실내 환경을 유지시킨다. 불의 열기뿐만 아니라 인류
가 오랫동안 불필요하게 여겼던 연기도 난방의 핵심으로 활용하는
생활과학으로서, 인류 역사와 첨단과학을 통틀어 가장 합리적인 난
방 기술이라고 할 수 있다. 구들에 관한 용어를 보면, 전통 방식인 구
들은 '고래온돌', 현대 주거에 적용된 방식은 '온수온돌', 그리고 전
기패널을 이용한 '전기온돌'로 온돌학회에서는 정의한다. 국제적으

로는 온돌을 그대로 표현한 Ondol로 정착되어 있다.

난방의 역사를 살펴보면, 선사 움집의 난방은 취사와 난방을 동시에 하도록 집 가운데에 불을 피워 사용했다. 이후 고대 주거지에서 취사와 난방이 분리되기 시작했고, 거주·부엌·창고 등이 별도로 존재했다. 이후 고구려, 백제 유적에는 한 줄 또는 두 줄 고래가 실내한 부분에 벽을 따라 길게 이어지는 구들이 있었다. 『신당서』 고구려 편에 "겨울에는 장갱長坑을 만들어 불을 때서 따뜻하게 했다."는 기록이 있는 것으로 보아 구들이 사용되었음을 알 수 있다.

고려 초에는 실내 일부분에 두 줄 정도의 고래를 두는 게 일반적이었다. 서긍이 지은 『고려도경』의 「와탑조」에는 "귀족들은 의자를 놓고 생활하며, 서민들은 흙침상이 많은데, 땅을 파서 화갱火坑을 만들고 그 위에 눕는다."는 기록이 있다. 11세기에 이르러서는 방 전체에 구들을 설치하기 시작한 것으로 보이며, 이는 신의주 상당리, 평북 동창군 학성리 유적에서 확인할 수 있다.

추운 북부는 11세기경에 전면구들이 놓이게 되고, 13세기에는 중부 지역까지 확산되고, 14세기에 이르러서 남부 지역까지 널리 확산되었다. "중간에 돌(㝉)을 만들어 겨울에 적당하게 하고"라는 『동문선』의 「쌍청당기」, 「포천향교기」의 기록으로 볼 때 살림집뿐만 아니라 향교, 군사들이 머무는 병영에도 널리 사용되었음을 알 수 있다. 구들의 확산은 13세기 이후 오랜 시간 정좌해서 참선하는 선종의 확산과 연관이 깊어 보인다. "어떤 승려가 불기 없는 찬 방에서 수행하고 있을 때, 이를 측은히 여긴 사람이 몰래 방에 불을 넣어 주자, 승려가 아궁이를 막고 다시 들어와 좌선을 계속했다."라는 『보한집』의 기록도 있다.

전면구들의 보급은 도자기 사용을 일반화하는 결과를 낳았는데,

특정 지역에 한정되었던 도자기 가마가 내륙 전역에 확산되었다. 도자기 가마의 구조나 연료 연소 방식이 구들과 상통하기 때문이며, 이는 고려가 세계 최고 수준의 찬란한 문화를 꽃피우게 되는 밑거름이 되었다.

아울러, 고려 후기 전면구들의 사용은 별도로 존재하던 부엌이 온돌방 옆에 연접하게 되면서 구들과 마루가 한 지붕 아래 결합되게 된다. 욱실양청(燠室凉廳, 여름집·겨울집)이라는 어느 민족의 주택에서도 찾기 어려운 한국 주택의 고유한 특성을 나타내면서, 고려 후기는 한국 주택사의 가장 획기적인 시기가 된다. 유럽 국가에서 일실주택이 성행한 이유는 벽난로 위주의 난방 때문이며, 17세기 이후 방마다 주물난로가 설치되면서 비로소 주거 공간의 기능적 구분이 가능하게 된 것과 비교하면 상당히 앞선 주택 시스템임을 알 수 있다.

조선 시대에는 "장판지가 깔린 방이 유리 같았다."는 이안로의『용천담적기』(1515년)의 기록에서 보듯이 16세기 이후, 장판지가 구들에 적용된 후에 상류층도 완전한 좌식 생활을 하게 되었다. 이러한 구들은 구한말 석탄이 도입되면서 석탄을 때는 아궁이로 변화되었고, 1960년대 이후 연탄아궁이가 본격화되었는데 여전히 구들은 고래온돌이었다. 연료가 바뀌었음에도 방식은 예전 나무 때던 방식이었기 때문에 고래 틈에서 올라오는 연탄가스로 인해 연탄가스 사고가 빈발했다. 이후 1970년대 연탄보일러(일명 새마을보일러)가 도입되면서 온수온돌이 시작되었고, 1980년대 석유, 가스보일러가 도입되었다.

구한말 서양식 건물이 지어지면서 벽돌주택이 늘어나고, 1960년대 전후 재건이 되어 1970년대 시멘트 사용이 본격화(시멘트 블록, 벽돌, 콘크리트)되었고, 1980년대에 아파트가 번성한 주택의 변화와 궤를 같이

한다. 결국 구들의 역사는 한국 주거의 역사라 해도 과언이 아니다.

전통구들

전통구들은 아궁이에서 시작된 불길이 불고개를 지나 부넘기를 넘어 구들장에 열을 전달해 주면서 고래바닥을 지나 개자리를 거쳐 굴뚝으로 빠져나가는 구조이다. 불의 상승 특성을 이용한 과학적 유체 흐름의 난방 방식이다.

전통구들을 만들 때, 이러한 자연스러운 상승 흐름을 유도하는 게 중요하다. 이를 위해 아궁이 바닥과 방구들의 높이를 최소 3자(약 90㎝) 이상 차이를 두어야 한다. 또한 고래바닥의 경사는 6도 정도가 되어야 하는데, 경사가 급하면 불이 너무 빨리 빠져나가서 방이 따뜻하지 않고, 경사가 너무 완만하면 불이 잘 들지 않는다.

구들장을 깐 후에는 구들장과 구들장 사이를 흙으로 메운 후 아궁이에 불을 때서 불이 잘 드는지 확인해야 한다. 불이 잘 들지 않으면 구들장을 걷어 내고 다시 높이 차와 경사도를 조정한 다음, 다시 구들장을 놓고 불이 잘 드는지를 확인하는 절차를 반복해야 한다.

불이 잘 드는 것을 확인하고 나면 구들장 위에 흙을 깔아서 미장으로 마무리한다. 흙의 두께는 6~9㎝ 내외로 하는데, 빨리 바닥이 데워지게 하려면 더 얇게 하고, 천천히 데워지고 오래가게 하려면 더 두껍게 한다.

표72는 전통구들의 개념을 표현한 것이며, 표73은 구들 시공 모습과 불을 땐 후 열화상 모습이다.

⁞ 표72. 전통구들의 개념을 표현한 그림

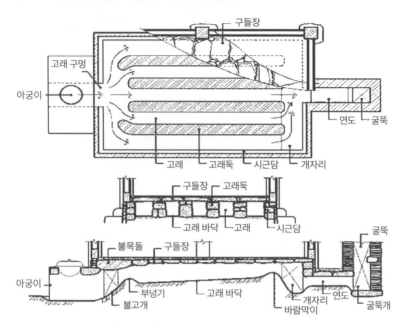

⁞ 표73. 구들 시공 모습과 불을 땐 후 열화상 모습

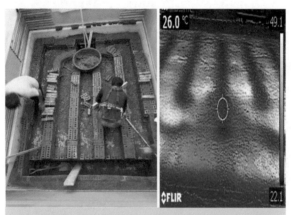

구들 시공 모습과 불을 땐 후 열화상 카메라로 촬영한 구들 바닥. 고래에 따른 불길의 모습을 알 수 있고, 방바닥이 고온으로 데워진 것을 확인할 수 있다. (임정훈 제공)

간편구들

전통구들은 여러 가지 장점에도 불구하고 시공하기가 어렵고, 상당한 바닥 높이를 확보해야 하는 어려움이 있다. 이러한 난점을 해결하여 간편하게 구들을 놓을 수 있는 간편구들은 시공상의 용이성으로 인해 한옥이나 일반 주택에서 다양한 적용이 가능하다. 간편구들은 강제 순환식 팬을 이용한 구들로서, 기본적인 구조는 전통구들의 연소-채난-배연의 구조를 따르며, 전통구들의 열전달 원리와 열효율을 활용하여 비용과 시공 편의성을 고려한 구들이라고 할 수 있다.

전통구들은 아궁이부터 방바닥까지가 900㎜ 정도로 두꺼운 반면, 간편구들은 바닥 두께를 150~300㎜로 최소화할 수 있다. 재료를 구하기 쉽고, 비숙련자도 비교적 쉽게 시공이 가능하며, 강제 순환식 팬을 활용하여 열기 순환을 원활하게 할 뿐만 아니라 초기 발생된 연기 배출에 도움을 준다. 강제 순환식 팬은 속도 조절기를 부착하여, 불을 때는 초기에는 빠른 속도로 돌리고, 어느 정도 불이 타면 속도를 느리게 하여 열기를 보존할 수 있다.

개량구들이 아니라 간편구들로 이름짓는 것은, 개량이란 좋지 않은 걸 좋게 고친다는 뜻인데, 전통구들이 가장 좋은 구들이므로 고친다는 데 주안점을 둔 게 아니라, 좋은 줄 알지만 여건이 허락하지 않아 어쩔 수 없을 때, 간편하게 한다는 의미이다.

간편구들은 사용 재료에 따라 연통 방식, 벽돌 방식, 구들장 방식이 있으며 표74는 이를 표현한 것이다. 표75와 표76은 간편구들의 설치 기본 방식인데, 이러한 방식을 다양하게 결합하여 고래를 설치한다. 열이 들어가는 쪽은 불길이 잘 들어가게 직선으로 놓는 게 좋고,

나가는 쪽은 많은 굴곡을 주어 열이 쉽게 빠져나가지 못하게 하는 게 좋다. 간편구들을 설치할 때, 고래 높이는 벽돌 1~2장 내외를 쌓아서 75~150㎜ 정도로 하며, 간격은 150~250㎜ 내외로 하면 좋다. 전통구들과는 다르게 고래를 자유롭게 만들 수 있으므로 다양한 형태로 응용이 가능한 특징이 있다. 또한 강제식 순환 방식으로 연기의 실내 유입이 적어서 실내에 벽난로와 결합한 형태로 시공이 가능하며, '거실 벽난로 + 안방 구들'이나 '외부 아궁이(솥) + 거실 구들' 등 여건에 맞게 구들 활용이 가능하다. 표77은 간편구들의 연통 방식 설치 순서이고 표78은 간편구들의 구들장 방식 설치 순서이다.

⋮ 표74. **간편구들의 종류**

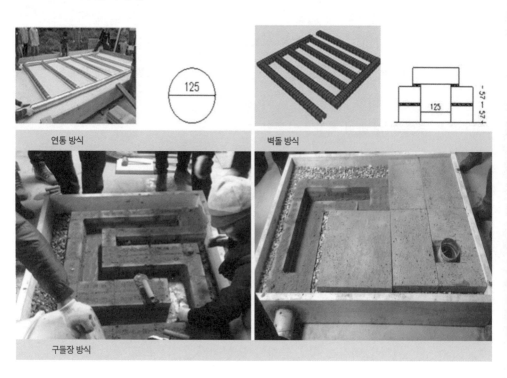

140

∷ 표75. **간편구들**(연통 방식, 벽돌 방식)**의 고래 설치 기본 방식**

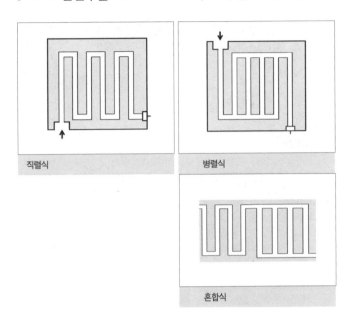

∷ 표76. **간편구들**(구들장 방식)**의 고래 설치 기본 방식**

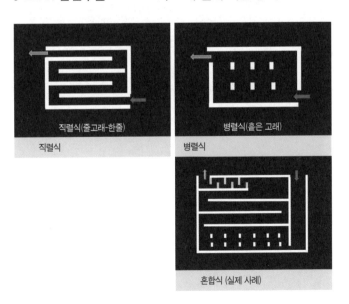

표77. 간편구들(연통 방식)의 설치 순서

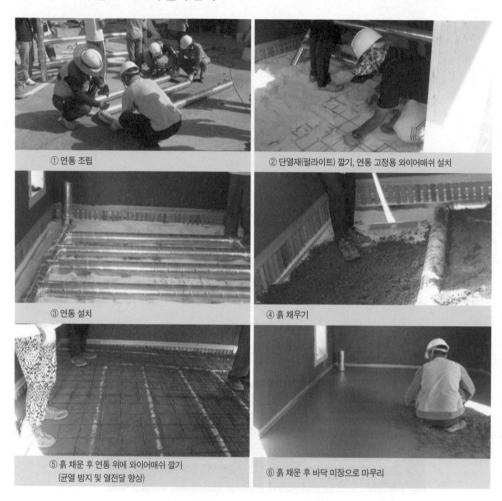

① 연통 조립

② 단열재(펄라이트) 깔기, 연통 고정용 와이어매쉬 설치

③ 연통 설치

④ 흙 채우기

⑤ 흙 채운 후 연통 위에 와이어매쉬 깔기
(균열 방지 및 열전달 향상)

⑥ 흙 채운 후 바닥 미장으로 마무리

① 자갈과 흙으로 바닥 되메우기

② 구들 벽돌을 놓기 위해 바닥에 간격 표시

③ 신구들 벽돌 놓기

④ 판석(500x500x50㎜) 덮기

⑤ 판석 위에 와이어매쉬 깔기(균열 방지, 열전달 향상)

⑥ 바닥 미장으로 마무리

1
—
흙 시험법의 종류

흙의 시험 방법은, 작업 현장에서 사용할 흙의 특성을 간략하게 살펴보는 방법이 있고, 실험실에서 흙을 정밀하게 분석하는 방법이 있다. 현장에서 많이 사용되는 것은 ACT 16이며, 낙하 테스트, 시가 테스트, 침전 테스트 등이 있다. 이 이외에도 눈·코·입·손을 이용한 방법이 있는데, 이러한 방법들은 특별한 도구나 장비 없이 간단하게 흙의 특성을 알아보는 장점이 있다.

실험실에서 흙을 분석하는 방법에는 입도 분석, 다짐시험, 단위 용적 중량, 비중, 유기물 함량 분석, 함수율 분석 등의 방법과, SEM, 화학 성분 분석 등 정밀 분석 방법이 있다. 표79는 이러한 흙 시험법을 나타낸다.

: 표79. **흙 시험법의 종류**

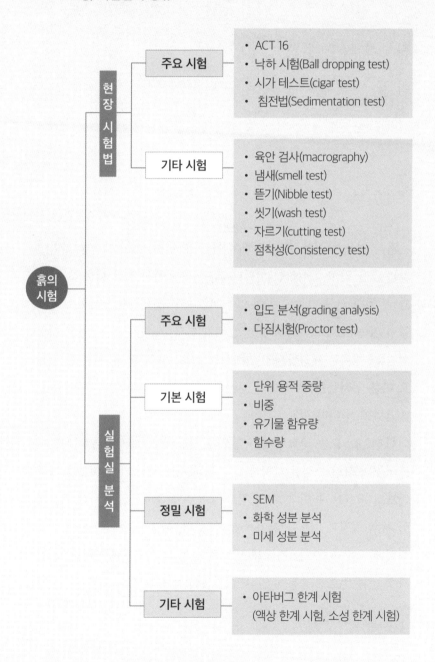

흙의 시험
- 현장 시험법
  - 주요 시험
    - ACT 16
    - 낙하 시험(Ball dropping test)
    - 시가 테스트(cigar test)
    - 침전법(Sedimentation test)
  - 기타 시험
    - 육안 검사(macrography)
    - 냄새(smell test)
    - 뜯기(Nibble test)
    - 씻기(wash test)
    - 자르기(cutting test)
    - 점착성(Consistency test)
- 실험실 분석
  - 주요 시험
    - 입도 분석(grading analysis)
    - 다짐시험(Proctor test)
  - 기본 시험
    - 단위 용적 중량
    - 비중
    - 유기물 함유량
    - 함수량
  - 정밀 시험
    - SEM
    - 화학 성분 분석
    - 미세 성분 분석
  - 기타 시험
    - 아타버그 한계 시험
      (액상 한계 시험, 소성 한계 시험)

2
–
심토를 찾는 현장 시험법

흙을 이용해 집을 짓기 위해서 가장 먼저 할 일은 사용할 공법에 맞는 흙을 찾고 분석하는 일이다. 건축 재료로서 흙은 나뭇잎, 나뭇가지, 풀 등의 유기물이 섞여 있는 표토를 사용해서는 안 되며, 유기물이 없는 표토 밑의 심토를 사용해야 한다. 또한, 흙이 강하고 내구성 있는 재료로 재결합되기 위해서는 점토, 실트, 모래, 자갈 등의 서로 다른 입자들이 적절히 잘 섞여 있어야 한다. 표80은 깊이에 따른 흙의 분류를 나타낸다.

현장 테스트는 정확하지는 않으나 현장에서 비교적 짧은 시간에 흙의 기초적인 특성을 파악하고 건축 재료로 적용 가능 여부를 개략적으로 평가할 수 있다. 이 방법들은 매우 신속하고 편리하게 기본적인 흙의 성질과 입도를 확인해 볼 수 있다. 가장 효과적인 방법은 실험실에서의 테스트를 비교해 오차를 줄여 가면서 현장 테스트의 감각을 눈과 손으로 충분히 익혀 놓는 것이다.

표80. 흙의 깊이에 따른 분류

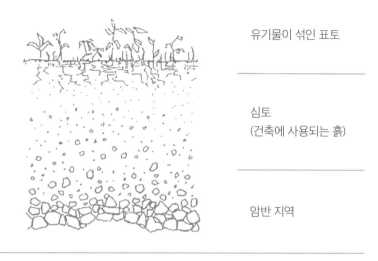

유기물이 섞인 표토

심토
(건축에 사용되는 흙)

암반 지역

네 가지 주요 시험

1) 낙하 테스트

낙하 테스트(Ball dropping test)는 건축 재료로 사용되는 흙의 최적 수분 함유량과 흙의 기본 성질을 알기 위한 시험으로 다음과 같이 실행한다.

우선, 주먹 안에 단단하게 압축시킨 한 움큼의 흙을 준비한다. 흙을 지름 4㎝ 크기의 볼 형태로 만들어 높이 1.5m 높이에서 단단하고 평평한 바닥 위로 떨어뜨린다. 이 볼이 바닥에 떨어진 후 약간 납작해지고 거의 균열이 발생하지 않았다면, 이 흙은 점토가 많이 함유되어 있고 높은 점착력을 가지고 있다고 본다. 보통 이런 흙을 건축 재료로 사용하기 위해서는 적정량의 모래를 첨가해 줘야 한다. 반대로 볼이 바닥에 떨어진 후 부서져 흩어졌다면, 이 흙은 점토가 매우 적게 함유되어 있고, 건축 재료로 쓰기에는 충분한 점착력을 가지고 있지 않다. 또한 볼을 떨어뜨렸을 때 약간 부스러질 경우, 이 흙은 상대적으로 부족한 점착력을 가지나, 다짐벽이나 벽돌 등의 건축 재료로는 사용할 수 있다.

또한, 이 시험을 통해 흙의 최적 수분량을 얻을 수 있는데, 흙을 지름 4㎝ 크기의 볼 형태로 만들어 높이 1.5m 높이에서 단단하고 평평한 바닥 위로 떨어뜨렸을 때 흙덩어리가 4~5 덩어리로 부서지면 수분의 양은 적당한 것이고, 덩어리가 분해되지 않고 납작해지면 수분의 양이 너무 많은 것이다. 그리고 덩어리가 작은 조각으로 산산이 부서지면 그 흙은 너무 건조한 상태로 수분이 더 필요하다.

⁝ 표81. 낙하 테스트 모습과 수분별로 다른 낙하 모습

낙하 테스트 모습

낙하된 흙의 모습. 수분별로 그 모양이 다르므로 이를 보고 판단한다.

2) 시가 테스트

시가 테스트(cigar test)는 일명 오이 테스트라고 하며, 흙의 성질을 좌우하는 입도와 함수율을 같이 측정하는 방법으로서, 간단하지만 나름대로 신뢰성 있는 분석 방법이다. 표82는 이를 나타낸다.

흙을 반죽하여, 시가 모양으로 지름 3~4㎝, 길이 15㎝ 정도로 만든 후, 탁자 위에 놓고 밀어서 탁자 아래로 흙이 부러지는 길이를 측정한다. 이때 부러지는 길이가 지름의 약 2배인 7~8㎝가 되면 입도와 함수율이 적당하다. 이는 재료 시험에서 공시체의 크기를 규정할 때, 지름 대 길이의 비를 1:2로 하는 것과 상통한다. 만약 끊어지는 시료 길이가 너무 길면 점토 함유량이 많고 높은 점착력을 가지고, 시료 길이가 짧게 끊어지면 점토의 함유량이 적다.

⁞ 표82. 시가 테스트 모습

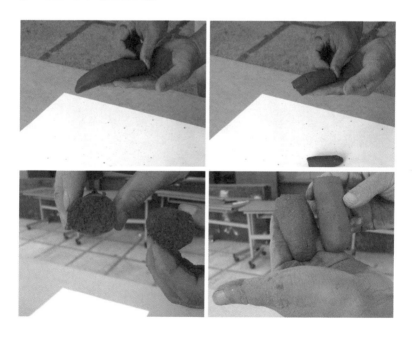

3) 침전법

현장에서 입도 분포를 구하는 방식으로서 침전법(Sedimentation test)이 있다. 유리병을 이용하여 흙의 대략적인 입도 분포를 파악할 수 있다. 우선, 유리병을 3등분하여 눈금을 표시한 후, 3분의 1 지점까지 마른 흙을 채우고 3분의 2 지점까지 물을 채운다. 그런 뒤 약간의 소금을 넣어서 유리병의 뚜껑을 덮은 다음, 흙과 물이 충분히 섞일 수 있도록 강하게 흔든다.

흙이 병에 가라앉아 물이 깨끗해질 때까지 1시간 동안 놓아 둔 다음, 다시 강하게 흔든다. 1분이 지나면 자갈이나 모래가 가라앉게 되고, 30분이 지나면 실트가, 24시간이 지나면 점토분이 가라앉는다.

가장 큰 입자는 병의 가장 아래 부분에, 가장 미세한 입자는 병의 윗부분에 놓이게 되고 이렇게 구분된 층으로부터 흙 입자의 구성비를 알 수 있다. 실제 입자 비율과 침전법에 의해 분류된 입자 비율을 비교 분석해 본 결과 많은 오차가 발생할 수 있지만, 흙 속에 포함된 입자들의 개략적인 분포를 간편하게 알아보는 장점이 있다.

4) ACT 16

현장에서 주요한 시험법들을 아우르는 가장 중요한 시험법은 ACT 16이며, 흙건축연구실Architecture Community of Terra 16기생들이 주축이 되어 만들어져서 ACT 16이라 불린다. 흙의 배합과 물의 양, 공법과의 관계를 총체적으로 파악할 수 있어서, 흙건축 시험법의 표준이라고도 불린다. 표83은 이러한 ACT 16을 나타낸다.

공법	함수량	방법	적용	
흙다짐	5-15% 습윤 상태		최밀 충전 흙	보강재 사용
흙쌓기	10-20% 소성 상태		최밀 충전 흙	계란판 사용
흙벽돌	15-20% 소성 상태		최밀 충전 흙	양파망 사용
흙미장	25-35% 액상 상태		고운 흙	최밀 충전 흙
흙타설	35% 이상 액상 상태		최밀 충전 흙	석회 첨가

여섯 가지 간단한 시험

1) 육안 관찰(test)

건조된 흙을 눈으로 관찰하는 방법으로서, 굵은 입자의 성분비를 알아볼 수 있다. 우선 모래 성분과 그보다 가는 입자들이 차지하는 양을 확인한다. 우선 구별하기 쉬운 자갈을 따로 분류하고(이는 다른 모든 현장 시험에도 적용된다.) 눈으로 확인할 수 있는 최소 크기인 0.074㎜까지 대략적인 성분비를 본다. 이때 색깔이나 입자들의 모양 등도 파악해 둔다.

2) 냄새(Smell test)

흙의 냄새를 맡아서 유기물이나 미생물의 존재를 파악할 수 있다. 채취한 지 얼마 안 된 흙은 보통 향기롭지만 만약 거기에 유기물이나 부식토가 함유되어 있다면 케케묵은 냄새가 나며, 만약 곰팡이나 미생물 냄새가 나면, 흙은 유기물을 포함하고 있어서 건축에는 적합하지 않은 흙이다. 흙을 가열해서 시험해 보면 냄새를 보다 명확하게 맡아 볼 수 있다. 유기물은 흙과 섞여 부착되지 못하며 나중에는 건축물의 흙에서 부식되어 흙덩어리가 떨어지게 된다.

3) 뜯기(Nibble test)

가는 입자의 성분비를 알아보는 것으로서, 흙을 가볍게 물어뜯어서 입 안에 넣고 치아로 조심스레 갈아 본다. 이때 치아 사이에 알갱이가 느껴지며, 치아 사이에서 갈아 분쇄해 보면 소리와 함께 불쾌한 기분을 준다면 모래 성분이 많은 흙이다. 치아 사이에 가루가 느껴지면서 치아에 가볍게 갈려 나가는 느낌이 들고 크게 거북하지 않으면 실트 성분이 많은 흙이다. 점토 성분이 많은 흙은 끈적거리며 부드럽고 고운 가루 느낌을 준다. 그리고 각기 흙을 덩어리로 만들어 건조시켜서 혀를 대어 보면, 모래질은 혀가 들러붙지 않으나 점토질은 혀가 덩어리 표면에 붙는다. 시험을 위해 입 안에 흙을 넣을 때, 흙에 다른 성분이 포함되어 있을지 모르니 항상 위생에 주의해야 한다.

4) 씻기(Wash test)

수분이 있는 흙을 손으로 문지른다. 만약 흙 알갱이가 분명히 느껴진다면 모래나 골재가 있는 흙이고, 반면에 흙에 점착력은 있으나 손에서 마른 후 문질러 깨끗이 할 수 있다면 그것은 실트질이다. 또한 흙에 점착력이 있고 손을 깨끗이 하는 데 물이 필요하다면 그것은 점토질이다.

흙을 손으로 한줌 떠서 흐르는 물에 천천히 세척을 해 본다. 흙이 모래질이 많을 경우 쉽게 씻겨 나간다. 만약 흙이 가루 분말 상태로 변하면서 쉽게 씻겨 나가면 흙은 실트 성분이 많다는 것이고, 흙이 비누처럼 손에 감겨 붙고 잘 씻겨 나가지 않으면 점토 성분임을 알 수 있다.

5) 자르기(Cutting test)

실트와 점토를 구분하는 것으로서, 손에 붙지 않을 정도의 물을 섞거나, 물기가 있는 흙을 볼 형태로 만들어 칼로 자른다. 만약 잘려진 면이 매끄럽고 반들거리는 광택이 나면, 점토를 많이 함유하고 있는 것이다. 반대로 잘려진 면이 무디고 반들거리지 않으면 실트가 많이

∶ 표84. 자르기에 따른 흙의 성질

점토질 흙(clay한 흙)

사질 흙(sandy한 흙)

함유된 흙이다.

또한 칼을 가운데에 잘라 넣었다 다시 빼내 본다. 만약 칼날이 자르기도, 다시 빼기도 힘들면 점토가 상당히 많은 것이며, 쉽게 빠져나오고 그 절단선도 형태를 그대로 유지하면 점토 성분이 많지 않음을 말해 준다. 표84는 이를 나타낸다.

6) 점착성 테스트(Consistency test)

흙으로 지름 2~3㎝ 볼을 만든 후, 이 볼을 지름 3㎜의 가느다란 실 형태가 될 때까지 문질러 늘어지게 한다. 만약 지름 3㎜가 되기 이전에 끊어지거나 균열이 발생한다면 지름 3㎜가 될 때까지 실 형태가 끊어지지 않을 만큼 흙에 약간의 수분을 첨가한다. 그리고 이것을 볼 형태로 만든다. 만약 이런 형태로 만드는 게 불가능하다면 모래 함유량이 높고 점토 함유량이 너무 낮은 것이다.

그리고 건조된 볼을 엄지와 검지 사이에 놓고 많은 힘을 주었을 때 부서진다면 점토의 함유량이 높고, 볼이 매우 쉽게 부서진다면 점토가 적게 함유된 것이다.

또한 흙을 반죽하여 지름 5㎝, 두께 1㎝의 전병 모양으로 만들어 건조시켜 놓는다. 완전히 건조되면 엄지와 검지를 이용하여 부러뜨려 본다. 이 시험은 여러 가지 흙을 동시에 진행해서 서로 비교해 가며 하는 게 좋다. 아울러 손톱으로 표면을 긁어 보아 표면 마모 정도를 파악하여 흙에 모래 성분이 많은지, 점토 성분이 많은지를 파악해 볼 수 있다.

3

—

최밀 충전 흙을 찾는
실험실 분석

입도 분석, 다짐시험, 배합 설계

1) 입도 분석

흙을 건축 재료로 사용하는 구조물에서는 흙의 공학적인 성질을 파악하는 데 흙 입자의 크기와 그 입도 분포가 대단히 중요한 자료로 사용된다. 따라서 흙 입도 분포의 결정이 모든 흙 시험의 기초로 되어 있다. 입도 분석은 흙의 기본 성질을 결정짓는 가장 중요한 요소인 모래, 실트, 점토의 성분비를 측정하여, 적합한 흙의 입도를 조성하기 위한 시험이다. 시험을 통해 일정한 공간에 연속 입도를 가진 입자들이 가장 밀하게 충전되었을 때, 강도와 유동성이 가장 크고 건조 수축에 의한 균열이 가장 작다는 최밀 충전 효과Optimum Micro-filler Effect를 얻고자 한다. 흙 입자의 입경별 함유율 분포를 '입도'라 하며, 이 분포 상태는 전체 흙 중량에 대한 입경별 중량 백분율로 나타낸다. 입도 시험은 유기질이 다량 함유된 고유기질토를 제외한 흙을 대상으로 한다.

흙의 입도 분포는 입경이 아주 미세한 것부터 비교적 조립에 이르기까지 분포하므로, 입경 0.074㎜ 이상 흙 입자의 입도 분포는 체가름분석을 쓰고, 이보다 작은 입경의 흙은 침강분석(비중계법)이나 거름종이법을 이용한다. 즉, 조립토인 자갈과 모래(0.074㎜)까지는 체가름법으로 분석하고, 세립토인 실트와 점토분은 침강법이나 거름종이법으로 성분비를 측정할 수 있다. 입도 분석기가 설치되어 있다면, 입도 분석기를 이용하여 입도를 측정한다. 이 방법은 정확하고 소요시간도 아주 짧아서 가장 간편하게 흙 입자의 구성비를 측정할 수 있으나, 입도 분석기가 없는 곳에서는 사용할 수 없다는 단점이 있다.

표85. **흙 입자의 입경에 따른 시험법**

① 체가름법

체가름법은 규격화된 체(20, 10, 5, 2.5, 1.2, 0.6, 0.3, 0.15, 0.074mm)를 이용하여 전체량에 체에 걸리는 양을 측정해서 성분비를 분류한다. 실트(0.074mm) 이상의 입자들을 분석하는 데 이용되며, 실험은 KS F 2302를 준용한다. 시험에 사용되는 흙의 양은 가장 큰 입자의 최대 지름에 따라 정해지는데, 통상 1000g을 사용하며, 다음과 같은 식에 의해 정한다.

$$200D < P < 500D$$

D: 가장 큰 입자의 최대 지름(mm) / P: 실험해야 할 흙의 질량(g)

먼저 흙을 원뿔 모양으로 모은 다음 위를 두드려 납작하게 만든다. 그리고 이를 네 등분하여 대각선 방향의 두 흙을 버리고 남은 흙으로 다시 이 작업을 반복한다. 이를 4분법이라 하며, 모든 시험에서 흙을 담을 때 사용한다. 실험에 쓰일 양만큼이 남으면 이를 110℃의 건조기 속에 넣어 완전히 말린다. 이렇게 하여 완전히 건조된 흙을 실험에 필요한 만큼 측정하여 준비한다.

준비된 흙을 가장 큰 지름의 거름체부터 이용하여 걸러 낸다. 이때 각 단계마다 물로 잘 세척하여 실트나 점토질이 큰 입자에 남지 않도록 한다. 사용하는 물은 상수도나 증류수를 사용하며, 약간의 소금을 넣어서 사용하면 점토분을 효과적으로 분리할 수 있다. 세척하고 난 물은 다시 잘 모아서 다음 체를 세척할 때 이용한다. 즉, 점토 입자가 물에 흘려 유실되지 않게 조심한다. 걸러진 각 단계별 입자들은 건조하여 무게를 측정한 뒤 표에 기입한다. 통과 백분율을 구하여 입도

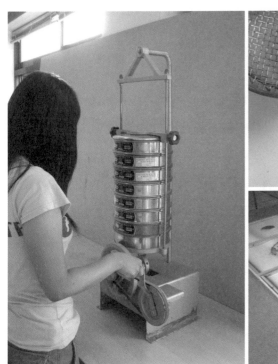

분포 곡선에 그린다. 입도 분포 곡선은 체가름으로 할 수 있는 0.074
㎜까지만 그릴 수가 있으며, 0.074㎜ 이후의 남은 흙은 그대로 거름
종이법으로 나머지 입자들의 성분비를 구하거나, 다시 건조기에 넣
어 건조시켜서 침강법을 이용하여 나머지 입자들의 성분비를 측정
하도록 한다.

② 거름종이법

거름종이법은 싸이펀 간이 침전법을 개량한 방법으로서, 점토분 (0.002㎜)을 거름종이로 걸러서 실트(0.074㎜)의 양을 측정하여 각각의 성분비를 구하는 방법이다.

싸이펀 간이 침전법은, 체가름 분석을 통해 얻어진 0.074㎜체를 통과한 입자들(실트와 점토분)을 건조시킨 시료 100g에 물 200g을 섞어 30분 동안 방치한 후에, 싸이펀 방식으로 상부의 물과 점토분을 퍼내고 아래에 가라앉은 실트를 건조시켜 측정하는 방법이다. 이는 30분 정도에 실트가 침강하고 24시간 후에 점토분이 침강하는 원리를 이용한 것이다. 이 방법은 침강법에 비해 측정이 간단하지만, 시료를 건조시킨 후 사용해야 해서 측정에 시간이 많이 걸리고, 물과 점토분을 퍼낼 때 오차가 발생하는 단점이 있다.

⁞ 표87. **거름종이법**

거름종이법은, 체가름 분석을 통해 얻어진 0.074㎜체를 통과한 입자들(실트와 점토분)을 건조시키지 않고 그대로 용기에 담은 후, 0.002㎜짜리 거름종이를 장착한 내림봉을 눌러서 물과 점토분을 걸러 내고 남은 실트를 건조시켜 측정하는 방법이다. 건조 시료를 준비하는 시간이 필요 없기 때문에 측정 시간이 짧고, 물과 점토분이 거름종이를 통과하여 걸러지기 때문에 측정 오차가 적다.

③ 침강법

침강법은 체가름법으로 분석할 수 없는 작은 입자들을 분석하는 데 이용된다. 이 방법은 0.074㎜ 이하의 성분들이 시간에 따라 침전속도가 다른 원리를 이용하는데, 각각의 속도에 따라 침전한 성분의 비율을 측정한다. 이 방법으로 0.0015㎜(1.5㎛)까지의 입자들을 분류할 수 있다. 그 이하의 입자들은 즉, 점토 성분들은 이 방법으로는 미세 입자들 사이에 발생하는 소용돌이 현상과 솜털 모양으로 엉켜서 침전하는 현상 때문에 측정이 불가능하다.

침강법으로 측정하는 방법은 먼저, 0.074㎜ 거름체를 통과한 흙은 젖은 상태이므로 이 흙을 말려서, 건조된 흙 20g을 채취하여, 15㎤의 엉킴 지연제와 125㎤의 물을 메스실린더(1000㎖)에 넣어 잘 섞어 준 다음 12~15시간 둔다. 엉킴 지연제는 25g의 헥사메타포소디움과 물 475g을 섞어서 만들며, 제조한 날짜를 용기 표면에 적어 두어 한 달 이상 사용하지 않도록 한다. 또 다른 메스실린더에 같은 방식으로 25g의 엉킴 지연제와 물 475g을 섞어 놓는다. 12~15시간이 지난 후 두 메스실린더에 물을 1ℓ까지 채운다.

배합봉으로 3분간 잘 섞어 준 뒤 두 메스실린더의 온도가 같아질 때까지 둔 다음, 실험을 시작하는 시각을 기록하고 다시 3분 동안 잘 저어 준다. 측정 45초 전에 토양밀도계를 담가 흔들림을 방지한 후 지시된 시각에 양쪽의 밀도를 측정하여 기록한다. 양식에 따라 각 크기의 입자별로 분포된 퍼센트를 계산하여 그래프에 기입한 후 자연스런 곡선을 이어 입도 분석 그래프를 완성한다.

예제) 흙 1000g의 입도를 구하라.

먼저, 체가름법을 이용하여 0.074㎜ 이상 입자들(모래, 자갈)의 비율을 구한다.

규격체 5, 2.5, 1.2, 0.6, 0.3, 0.15, 0.074㎜로 걸러서 각 체에 남는 양이 각각 0, 100, 90, 150, 110, 140, 160g이었다고 하면, 다음 순서에 의해 잔류량, 잔류율, 누적 잔류율, 통과율을 각각 구한다.

① 각 체에 남는 양(잔류량)을 구한다. 각 체에 남는 양이 각각 0, 100, 90, 150, 110, 140, 160g이었다.

② 잔류율을 구한다. 잔류율은 시료 전체 무게에 대한 각 체에 남은 양(잔류량)의 백분율이다. 예를 들어 1.2㎜체에 남은 양은 90g이고, 시료는 1000g이므로, 1.2㎜체의 잔류율은 9퍼센트가 된다. 이런 방법으로 각 체에 대한 잔류율을 구한다.

③ 누적 잔류율을 구한다. 누적 잔류율은 각 체의 잔류율을 계속 더해 나간 수치이다. 예를 들어 1.2㎜체의 누적 잔류율은 5㎜체의 0퍼센트, 2.5㎜체의 10퍼센트, 1.2㎜체의 9퍼센트를 더하여 19퍼센트가 된다. 누적 잔류율은 각 크기별 입자 비율이 된다. 즉, 이 흙의 경

체 규격(㎜)	①잔류량(g)	②잔류율(%)	③누적 잔류율(%)	④통과율(%)
5	0	0	0	100
2.5	100	10	10	90
1.2	90	9	19	81
0.6	150	15	34	66
0.3	110	11	45	55
0.15	140	14	59	41
0.074	160	16	75	25
pan	250			

우 1.2㎜ 이상의 입자가 19퍼센트가 있다는 의미가 된다. 이러한 누적 잔류율이 구해지면 입자 비율이 다 구해진 것이다. 입도 분포 그래프에 누적 잔류율을 표시하여 연결하면 입도 분포표가 완성된다.

④ 통과율을 구한다. 사실상, 누적 잔류율이 구해지면 입자 비율이 정해지는데, 입도 분포표는 통과율을 기준으로 작성되는 경우가 많으므로, 통과율을 구한다. 통과율은 누적 잔류율의 상대개념이므로, 100퍼센트에서 누적 잔류율을 뺀 값이 통과율이 된다. 예를 들어 1.2㎜체의 경우, 누적 잔류율이 19퍼센트이므로 통과율은 100-19=81로서 81퍼센트가 되는데, 이것은 1.2㎜ 이상의 입자는 19퍼센트이고 1.2㎜ 이하의 입자는 81퍼센트가 된다는 의미이다.

그 다음, 거름종이법을 이용하여 0.074㎜ 이하 입자들(점토분, 실트)의 비율을 구한다.

규격체 0.074㎜를 통과하여 바닥팬에 남은 양이 250g이므로, 점토분과 실트가 250g이라는 의미가 된다. 이것을 용기에 담은 후, 0.002㎜짜리 거름종이를 장착한 내림봉을 눌러서 물과 점토분을 걸러 내고 남은 실트를 건조시켜 측정한다. 실트의 양이 140g이라면 점토는 110g이 된다. 따라서 0.002㎜체의 통과율은 11퍼센트가 된다. 이러한 수치는 거름종이법이 아니면 침강법을 이용하여 구할 수도 있다.
(입도 분석기에는 이러한 복잡한 절차 없이 곧바로 수치가 표현되므로 간단하다.)

이상의 결과를 얻었으면, 입도 분포표에 그려 넣어 사용 용도에 적합한 흙인지 판단하고, 적합하면 그대로 사용하고, 적합하지 않다면 다른 흙을 섞거나 모래 등을 섞어서, 입도 분포에 적합하도록 해서

⁝ 표89. 실험 결과를 흙다짐 입도 분포표에 그려 넣은 모습

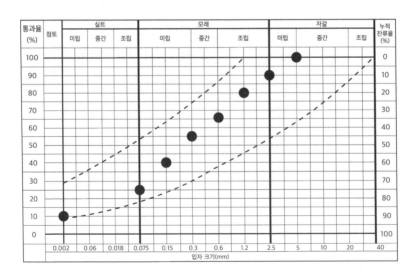

사용한다. 만일 흙다짐을 위한 것이라고 하면, 흙다짐 입도 분포에
실험 수치를 그려 넣으면 표89와 같다. 결과값이 점선으로 표시된
허용 입도 분포 범위 안에 있으므로, 실험에 사용된 이 흙은 흙다짐
에 적합한 좋은 입도를 가진 흙이라고 할 수 있다.

2) 다짐시험

다짐시험(Proctor test)의 목적은 함수비를 변화시키면서 일정량의 다
짐 에너지를 흙에 가함으로써 흙의 건조 단위 체적 중량과 함수비 사
이의 관계를 구하고, 흙의 최적 함수비와 최대 건조 단위 중량을 구
하는 데 있다. 이 시험 방법은 KS F 2312에 의해 표90과 같은 5종으
로 규정되어 있으며, 시험 목적과 시료의 최대 입경 등에 따라 시험
의 종류를 선택하면 된다.

시험 방법은, 먼저 건조기에 넣어 말린 5㎜ 거름체를 통과한 건조
된 흙을 각각 2.5㎏씩 준비하여 5퍼센트, 7퍼센트, 9퍼센트, 11퍼센

⁞ 표90. **다짐시험 방법**

다짐 방법	래머 무게 (kgf)	몰드안 지름 (cm)	다짐 층수	1층당 다짐 횟수	허용 최대 입자 지름 (mm)
A	2.5	10	3	25	19
B	2.5	15	3	55	37.5
C	4.5	10	5	25	19
D	4.5	15	5	55	19
E	4.5	15	3	92	37.5

프록터 몰드에 흙을 넣고
다지는 모습

프록터 시험기

몰드를 프록터 시험기에 넣고 흙을
빼내는 모습

트, 13퍼센트 등의 함수율로 만들어 잘 섞어 준다. 표91처럼 프록터
proctor틀을 이용하여 표준 방법으로 공시체를 만들고, 공시체는 건조
기에 넣어 수분이 완전히 마를 때까지 둔다. 완전히 건조된 공시체의
무게를 측정하여 표준 그래프 상에 그리고, 여러 점들을 이어서 완만
한 곡선을 만들고, 이를 이용하여 최적 함수비를 구한다.

예제) 흙다짐에 사용될 흙이 있다. 이 흙의 적정 함수비를 구하라.

① 흙을 완전히 건조시킨다. 흙을 건조시키려면 건조로 안에 넣어
서 함량이 될 때까지 건조시킨다. 건조로가 없는 현장이라면, 프라이
팬이나 기타 용기에 넣어서 볶듯이 건조시킨다.

② 건조된 흙에 물을 섞어서 프록터 시험기로 부피가 일정한 시료를 만든다. 여기서는 물을 흙에 5, 7, 9, 11, 13, 15, 17퍼센트로 섞기로 한다.

③ 만들어진 시료를 완전히 건조시켜 무게를 잰다. 가장 무거울 때의 함수비가 적정 함수비이다. 물이 너무 적으면 흙과 결합할 물이 적은 것이고, 너무 많으면 부피가 커지게 되고 건조하면서 증발되어 버리기 때문이다. 측정 결과, 첨가수 비율이 5퍼센트일 때 건조 시료 무게가 2.51kg, 7퍼센트일 때 2.70kg, 9퍼센트일 때 2.89kg, 11퍼센트일 때 2.99kg, 13퍼센트일 때 2.66kg, 17퍼센트일 때 2.52kg로 나타났다면 프록터 그래프를 그려서 최적 함수비를 찾는다.

④ 본 실험의 결과 이 실험에 사용된 흙의 적정 함수비는 11퍼센트가 된다.

표92는 흙의 함수비를 변화시키면서 일정한 다짐에너지를 가한

: 표92. 프록터 시험을 통한 적정 함수율 찾기의 예

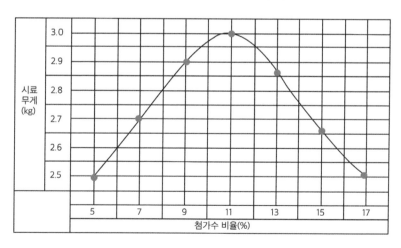

경우, 흙의 건조 단위 체적 중량과 함수비 관계의 예를 나타내었다. 이러한 곡선을 다짐곡선이라 하고, 다짐곡선의 최정점에 해당하는 건조 단위 체적 중량을 최대 건조 단위 중량, 이때의 함수비를 최적 함수비라고 한다.

물이 적어 점토 입자가 건조 상태가 되면, 입자 간 이온 작용에 의한 전기력이 적어 입자 간극이 커지게 되며, 전체적인 부피가 커져 밀도가 저하된다. 또한 물이 많아지게 되어 완전 습윤 상태가 되면, 잉여수가 발생하게 되어 입자 간 간극이 커지고, 전체적인 부피가 커져서 밀도가 저하된다. 또한 이 잉여수가 흙의 공극 속을 차지하고 있다가 증발하면서 빈 공극이 발생하고, 이곳에서부터 건조 수축에 의한 균열이 발생하게 된다. 흙이 최대의 압축 강도를 내기 위해서는 단위 면적을 차지하고 있는 점토 입자들에 물이 완전히 흡수되어 내부 포화 표면 건조 상태가 될 때 입자 간의 이온 작용에 의한 전기력이 최대가 된다. 또한 입자들 간의 간격이 좁혀지면서 입자 간 인력이 최대가 될 때가 결합이 가장 강력하게 될 때이다. 이때의 함수율을 '최적 함수비'라고 하며, 이것 또한 최밀 충전 효과와 연관이 있다. 흙의 강도를 결정짓는 중요한 요소이다.

3) 배합 설계

적당한 조작에 의해 용이하게 다룰 수 있는 범위 내에서 가장 적은 배합 수량으로 비벼서 강도나 기타 필요한 제 성질을 발휘할 수 있도록 몰탈이나 콘크리트를 만들도록 하는 것이 배합 설계이다. 고강도 흙결합재(흙으로 만든 시멘트)를 이용하여 고강도 몰탈이나 콘크리트를 만들 때에는 표준시방서에 따라, 기존 시멘트 몰탈이나 콘크리트 배합에 준하여 실험한다.

콘크리트의 중요한 성질 가운데, 강도, 수밀성, 내구성, 마모에 대한 저항성 등은 주로 배합에 의해 좌우되고, 건조 수축은 단위 수량에, 온도 변화에 의한 체적 변화는 단위 결합 재량에, 내화성은 굵은 골재에, 다지기의 방법과 정도는 골재의 비중에 의해 주로 결정된다.

① 고강도 흙결합재에 의한 몰탈

몰탈의 배합은 중량 배합에 의한다. 결합재와 모래의 중량 비율을 기준으로 배합을 결정한다. 흙결합재:모래=1:1, 1:2, 1:3 등으로 정해서 필요한 실험을 수행한다.

② 고강도 흙결합재에 의한 콘크리트

콘크리트의 배합은 용적 배합과 중량 배합을 혼용하여 사용한다. 절대 용적 배합은 1㎥의 콘크리트 제조에 소요되는 각 재료량을 그 재료가 공극이 전혀 없는 상태로 계산한 절대 용적(ℓ)으로 배합을 표시한다. 이 방법은 콘크리트 배합의 기본으로 중요하다. 중량 배합은 1㎥의 콘크리트를 제조하는 데 소요되는 각 재료량을 중량(kg)으로 표시한 배합인데, 절대 용적 배합에서 구한 절대 용적에 비중을 곱하면 된다. 이 배합은 정밀한 배합을 하기에 편리한 방법으로, 실험실 배합과 레미콘 생산 배합은 이 배합으로 이루어진다.

예제) 물결합재비가 40퍼센트이고, 공기량이 3퍼센트, 잔골재율이 45퍼센트이며 단위 수량이 170kg/㎥인 콘크리트의 배합 설계를 실시하시오. (단, 흙결합재 비중 3.1, 잔골재의 비중 2.6, 굵은골재의 비중은 2.7)

W/B 물결합재비(%)	공기량(%)	잔골재율(%)	단위수량(kg/㎥)	절대 용적(l/㎥)			중량(kg/㎥)		
				흙결합재	잔골재	굵은골재	흙결합재	잔골재	굵은골재
40	3	45	170						

배합표1

W/B 물결합재비(%)	공기량(%)	잔골재율(%)	단위수량(kg/㎥)	절대 용적(l/㎥)			중량(kg/㎥)		
				흙결합재	잔골재	굵은골재	흙결합재	잔골재	굵은골재
40	3	45	170				425		

배합표2

W/B 물결합재비(%)	공기량(%)	잔골재율(%)	단위수량(kg/㎥)	절대 용적(l/㎥)			중량(kg/㎥)		
				흙결합재	잔골재	굵은골재	흙결합재	잔골재	굵은골재
40	3	45	170	137.1			425		

배합표3

W/B 물결합재비(%)	공기량(%)	잔골재율(%)	단위수량(kg/㎥)	절대 용적(l/㎥)			중량(kg/㎥)		
				흙결합재	잔골재	굵은골재	흙결합재	잔골재	굵은골재
40	3	45	170	137.1	298.3	364.6	425		

배합표4

W/B 물결합재비(%)	공기량(%)	잔골재율(%)	단위수량(kg/㎥)	절대 용적(l/㎥)			중량(kg/㎥)		
				흙결합재	잔골재	굵은골재	흙결합재	잔골재	굵은골재
40	3	45	170	137.1	298.3	364.6	425	775.6	985.4

배합표5

172

먼저 배합표를 그려 각 조건을 표기한다. (배합표1)

둘째, 흙결합재비와 단위 수량을 고려하여 흙결합재량을 구한다. 흙결합재비가 40퍼센트이므로 W/B=0.4이고, 단위 수량이 170이므로 W=170이다. 따라서 170/B=0.4이므로 흙결합재량인 B=425이다. (배합표2)

흙결합재의 용적을 구한다. 흙결합재량이 425이고 흙결합재의 비중이 3.1이므로, 중량=비중 x 용적의 관계에서 425=3.1 x 용적, 따라서 용적은 137.1이다. (배합표3)

골재의 양을 구한다. 콘크리트 1㎥(1000ℓ)를 만드는 것이고, 공기량이 3퍼센트이므로 공기의 용적은 30ℓ이다. 따라서 공기를 뺀 콘크리트 용적은 970ℓ가 되며, 콘크리트를 구성하는 물, 결합재, 골재의 합이 970ℓ가 된다. 물의 용적이 170ℓ, 흙결합재의 용적이 137.1ℓ이므로 골재의 용적은 662.9ℓ가 된다.

전체 골재에서 잔골재가 차지하는 용적 비율인 잔골재율이 45퍼센트이므로 0.45=잔골재 용적/662.9로 계산하여 잔골재의 용적은 298.3ℓ이 된다. 전체 골재=잔골재+굵은골재 이므로, 662.9=298.3+굵은골재로 계산하여 굵은골재의 용적은 364.6ℓ가 된다. (배합표4)

각 골재의 용적에 비중을 곱하여, 각 골재의 중량을 구하여 배합표를 완성한다. 잔골재 중량=298.3 x 2.6, 굵은골재 중량=364.6 x 2.7로 계산하면, 잔골재의 중량은 775.6kg, 굵은골재의 중량은 984.4kg가 된다. (배합표5)

이러한 배합표가 만들어지면 물, 결합재, 잔골재, 굵은골재의 중량을 재어서, 비빔을 하여 공시체를 만드는데, 실험에 필요한 각각의 배합에 대하여 이러한 방식으로 배합 설계를 하여 실험하면 된다.

용적 중량, 비중, 함유량, 함수량

1) 단위 용적 중량 시험

단위 용적 중량 시험은 단위 용적당 중량을 재는 시험으로 시료의 공극 정도를 알아보기 위한 시험이다. 시험 방법은 1000㎖ 플라스크 시험관에 시험 재료를 500㎖만큼 채워 넣어 각각의 시료 무게를 측정하는데, 단위 용적 중량이 높을수록 공극이 적으며, 다양한 크기의 입자들이 존재하고 있다는 것을 의미한다. 토양학에서는 바이메이어Veimeyer와 헨드릭슨Hendrickson의 연구 결과에서 단위 용적 중량(용적밀도)이 1.9g/㎤ 이상에서는 어떠한 식물의 뿌리도 신장될 수 없다고 했고, 다른 연구자들의 연구에서 용적 밀도가 1.5~1.7g/㎤ 범위가 되면 뿌리의 신장이 제한된다고 보고된 바 있다.

2) 비중 시험

비중은 주어진 재료의 단위 중량에 대한 물의 단위 중량 비율로 정의된다. 흙 입자의 비중은 흙덩어리의 골격을 이루고 있는 흙 입자군의 평균적인 비중을 말한다. 흙 입자의 비중은 흙의 기본적인 성질인 공극비와 포화도를 아는 데 필요할 뿐 아니라 흙의 견고한 정도나 유기질토의 유기물 함유량을 구하는 데 이용되며, 이를 위해서 흙의 비중 시험을 한다.

흙의 비중은 흙의 무게를, 같은 체적의 물(증류수)의 무게로 나눈 값이며, 시험 방법은 한국산업규격 KS F 2308에서 규정하고 있다.

3) 유기물 함유량 시험

흙의 유기물 함유량은 건조토를 고온의 열을 가하여 얻은 감소 무게를 건조토에 대한 백분율로 나타낸 값이다. 유기물 함유량이 많은 흙의 강열 감량은 대부분 유기물량으로 생각해도 좋다. 유기물이 많은 흙은 건축 재료로 사용할 때, 곰팡이가 생기거나 흙벽에서 나무뿌리나 풀씨가 자라서 벽을 갈라지게 할 수 있으므로, 유기물이 많은 흙은 사용하지 않는 게 좋다. 가열 온도는 통상 강열인 700~800℃로 하는데, 화합수·결정수가 많은 점토광물 등은 10~20퍼센트 정도의 강열 감량을 나타내는 게 보통이다. 따라서 흙의 유기물을 알아보고자 할 때에는 화합수·결정수가 빠지지 않는 온도인 400~500℃ 정도로 하는 것이 좋다.

시험 방법은 채취한 흙 시료를 110℃의 건조로에 건조시켜 2.5㎜ 체에 거른 후, 500g의 시료를 다시 채취하고 무게를 잰 다음, 전기로에서 450℃로 8시간 가열 후 무게를 측정한다. 건조토의 무게와 가열 후 무게 차이의 비가 유기물 함유량이 된다. 통상 우리나라 밭 토양의 평균 유기물 함유량은 2~3퍼센트 정도이다. 흙에 함유되어 있는 유기물의 양(유기물 함유량)은 건조토의 무게와 가열 후 무게 차이의 비(%)로 나타낸다. 건조토의 중량을 Wd, 가열된 흙의 중량을 Wc라고 하면, 유기물 함유량은 다음과 같다.

$$유기물\ 함유량 = \frac{W_d - W_c}{W_d} \times 100(\%)$$

4) 흙의 함수량 시험

일반적으로 흙 지반은 흙 입자, 물 그리고 공기로 이루어져 있으며 물의 양에 따라서 흙 지반의 공학적 성질이 크게 달라진다. 따라서 흙의 함수량은 지반의 공학적 판단에 중요한 근거가 되고 모든 흙시험의 기본이 된다. 자연 상태의 흙은 함수량의 차이에 따라서 공학적 성질이 크게 다르기 때문에, 흙의 함수비를 파악하는 것은 흙 구조물의 설계와 시공 조건의 결정시 필요하다. 또한 흙의 상태를 나타내는 제량 중에서 흙의 함수비는 가장 기본이 되는 값이다.

이 시험 방법은 KS F 2306에 규정되어 있으며, 흙에 함유되어 있는 물의 양(함수량)은 함수비 ω(%)로 나타낸다. 흙의 함수비 ω는 110℃의 건조로에서 제거된 흙 중의 수분 중량 W_w의 건조된 흙의 중량 W_s에 대한 백분율로 표시되며, 다음 식으로 나타낼 수 있다.

$$\omega = \frac{W_w}{W_s} \times 100(\%)$$

네 가지 정밀 시험

1) SEM(Scanning Electron Microscope)

흙의 결정 입자들을 확인하기 위해 주사형 전자현미경Scanning Electron Microscope을 사용하여 사진을 촬영하는 시험이다. 건조된 흙을 0.1mm 이하로 체로 걸러 주사 전자현미경을 사용해서 흙의 결정 입자를 촬영한다.

2) 화학 성분 분석

토양의 화학적 특성을 알아보기 위한 시험이다. 건조토를 0.1mm 이하로 체로 거른 시료를 화학 분석법에 의한 방법으로 시험한다. 일반적으로 흙은 유기물, SiO_2, Al_2O_3, Fe_2O3, CaO, MgO, Na_2O, K_2O 등 8개의 주요 광물로 구성되어 있다.

SiO_2는 일반 지하수나 지표수에 의해 잘 용탈되지 않으며 대부분의 암석에 가장 많이 포함되어 있는 성분이다. Al_2O_3는 SiO_2보다 더 일반 지하수나 지표수에 의해 잘 용탈되지 않으며 규소 다음으로 암석에 많이 포함되어 있고, 토양에 집적되어 있는 성분이다. Fe_2O_3도 Al_2O_3와 마찬가지로 토양에 집적되는 경향이 있다. CaO는 용탈성 성분으로 풍화가 많이 진전될수록 지하수에 의해 용탈되어 토양에 집적되는 경우가 적은 성분이다. MgO도 CaO와 마찬가지로 용탈성 성분이며, Na_2O와 K_2O는 알칼리 금속 성분으로 용탈이 용이하다.

3) 미세 성분 함유량 시험

토양의 미세 성분을 분석하여, 게르마늄 등 유익 성분을 분석하기 위한 시험으로서, 미세 성분 분석기 EDEAX 등으로 분석한다.

4) 실험실 분석의 기타 시험

아터버그한계 시험이 대표적이며, 이 시험 방법은 KS F 2303(액성한계 시험), 2304(소성한계 시험)에 각각 규정되어 있다. 이 시험은 흙의 컨시스턴시 중 액성한계와 소성한계를 구하기 위해 행한다. 점토나 점토 입자를 다량 함유한 세립토의 경우, 함수량에 따라서 액상, 소성상, 반고체상, 고체상의 상태로 각각 변화하게 된다. 이때 각 상태의 경계가 되는 함수비를 액성한계(ωL), 소성한계(ωP) 및 수축한계(ωS)라 하고, 이들 세 개의 한계 함수비를 총칭하여 콘시스턴시한계Consistency limits라 한다.

이 시험 결과는 세립토의 분류, 판별, 점성토의 역학적 성질을 추정하는 데 이용된다. 또한, 흙의 성토나 노상 재료로서 적합성 등을 판단하는 자료로 활용된다.